机械工程生产实习教程

主 编 赵 鹏 叶 建
副主编 王克俊

西北工业大学出版社

西 安

图书在版编目(CIP)数据

机械工程生产实习教程/赵鹏,叶建主编. —西安:
西北工业大学出版社,2021.3
ISBN 978 - 7 - 5612 - 7683 - 9

Ⅰ.①机…　Ⅱ.①赵…②叶…　Ⅲ.①机械工程-实
习-教材　Ⅳ.①TH - 45

中国版本图书馆 CIP 数据核字(2021)第 056993 号

JIXIE GONGCHENG SHENGCHAN SHIXI JIAOCHENG
机 械 工 程 生 产 实 习 教 程

责任编辑：付高明　吴天瑶	**装帧设计**：李欣
责任校对：卢颖慧	

出版发行：西北工业大学出版社

通信地址：西安市友谊西路 127 号　　邮编：710072

电　　话：(029)88493844　88491757

网　　址：www.nwpup.com

印 刷 者：陕西隆昌印刷有限公司

开　　本：787 mm×1 092 mm　　　1/16

印　　张：15

字　　数：302 千字

版　　次：2021 年 3 月第 1 版　　2021 年 3 月第 1 次印刷

定　　价：36.00 元

前言

国家工业和信息化部、财政部在《智能制造发展规划（2016—2020年）》中指出："我国制造业规模跃居世界第一，建立起门类齐全、独立完整的制造体系，但与先进国家相比，大而不强的问题仍然突出。"因此，需要高校更加重视基础理论教学和研究，培养具有扎实理论功底和工程素质的人才。

生产实习是高等院校机械类及相关专业教学环节中的一门必修课程，是加深学生理论联系实际，深入理解企业生产、组织和运行的关键环节，也是培养学生调查、研究、分析和解决问题能力，正确认识机械工程实践与社会、环境、安全及可持续性发展关系不可或缺的实践课程。本书为学生充分达成上述课程目标而编撰。

本书紧跟工业升级的时代特征，除覆盖机械学科传统知识点外，更突出了新技术、新产品、新模式、新业态的介绍；不仅适用于高等院校机械工程及相关专业师生作为实习指导教材，也可作为从事机械设计、机械制造工作的工程技术人员的参考资料。为了突出教材的"实践性"，我们与中国一拖集团有限公司（简称"中国一拖"）大学生实习管理中心及相关分厂联合，认真总结多年来的经验，编写了本书。

本书由西安工业大学机电工程学院生产实习教学团队负责组织编撰，国家级实习基地——中国一拖协助。其中，第一章由赵鹏、叶建、王克俊编写；第二、三、四、八章由闫正虎编写；第五、六章由蒋新广编写；第七章由张晖编写；第九、十、十一、十二章由赵鹏编写。赵鹏、叶建担任本书主编，王克俊担任副主编。

本书由西安工业大学王洪喜教授主审。在本书的编写和审稿过程中,西安工业大学刘波教授和刘军强、万宏强副教授,中国一拖大学生实习管理中心蒋溶潭、庹涛、李丹红等给予了极大的支持,分厂陈琦、杨卫东、牟怀飞、陈晓、李恒、张杰琼、冯飞飞、王俊凯、郝以岭、张凯、谢富明、蒋志强、赵西佳、王全安、郭鹏、方星光等提供了珍贵资料。本书作为西安工业大学学校规划教材也得到了有关单位的大力支持和帮助,同时我们也参考了大量资料。谨在此一并向这些老师和作者表示由衷的感谢!

  由于笔者理论水平和实践经验有限,本书难免有不妥之处,恳切希望广大读者批评指正,以利于今后改进提高,为生产实习课程的改革和教学质量的提高做出贡献。

编　者

2020 年 12 月

Contents

目 录

第一章　绪　论

第一节　生产实习的目的与要求

一、生产实习的目的

生产实习是高等院校机械类及相关专业教学环节中一门独立的实践课程,是学生在系统接受专业学习过程中一个不可缺少的实践环节,为学生的一门必修课。通过对学生进行专业基本训练,使学生获得生产实际与生产管理知识,印证和巩固已学过的专业基础知识,并为后续专业课、课程设计和毕业设计打下良好的基础。

通过生产实习,培养学生在生产实践中调查研究、观察问题的能力和理论联系实际、运用所学知识分析、解决实际问题的独立工作能力;能够在实践中理解并遵守职业道德和规范,履行责任;具有团队合作意识,能理解团队中的角色和责任;理解机械工程活动中涉及的管理与经济方面的关联因素。

二、生产实习的要求

要达到生产实习的效果,需要高校从思想上高度重视生产实习的组织与管理,策划好实施实习计划,对构成生产实习的三大要素提出具体的要求。

(一)对实习内容的要求

1. 实习准备阶段

(1)理解生产实习要求及相关规定。

(2)学生运用网络、文献资源认知生产实习单位及其产品。

(3)学习相关实习内容理论知识。

2. 进厂实习阶段

(1)认识企业概况,培养安全意识。

(2)掌握毛坯的各种制造方法。

(3)全面熟悉机械产品的制造、装配过程及其所适用的各种技术文件。

(4)深入分析轴类、盘类、箱体类等典型零件的机械加工过程与曲轴、连杆、齿轮等典型零件的制造工艺,及其所属部件的装配工艺过程。

(5)重点理解机械加工所用典型设备的性能、结构及其应用;工装(刀具、夹具、量具、辅具)的工作原理、种类、用途及制造工艺过程。

(6)分析生产现场所制定的工艺规程等技术文件对保证产品性能的可行性和可靠程度。

(7)了解企业技术改造和新工艺、新技术的发展与应用状况及机电一体化、CAD/CAE/CAM 等现代制造技术在生产实际中的应用。

(8)掌握机械制造企业的生产组织、技术管理、质量保证体系和全面质量管理等方面的工作及生产安全防护方面的组织措施。

(二)对指导教师的要求

(1)实习指导教师应责任心强。实习中要强调立德树人,加强对学生思想教育工作。

(2)实习指导教师应具有一定的专业理论知识和较强的实践能力。指导学生撰写实习笔记,撰写实习报告。实习结束后,对学生实习成绩实事求是地给出评定。

(3)实习结束后,及时对实习过程做出全面的工作总结。

(三)对实习学生的要求

(1)明确学习任务,认真学习实习大纲,提高对实习的认识。

(2)认真完成实习内容,按规定收集相关资料,写好实习笔记,认真撰写实习报告。不断提高分析问题、解决问题的能力。

(3)虚心向工人和技术人员学习,尊重知识,敬重他人。

(4)自觉遵守学校、实习单位的相关规章制度,服从指导教师的领导,培养良好的工作作风。切实注重安全,尤其是在企业生产现场的安全。

(5)同学之间在学习和生活上具有团队合作能力,互相关心、互相帮助。

(6)应按规定时间和质量提交实习笔记、实习报告等。

第二节　生产实习的内容

产品的制造过程是从原材料投入生产开始到产品生产出来准备交付使用的全过程。由生产技术准备、毛坯准备、机械加工(热加工和冷加工)、热处理、装配、检验、运输、储存等一系列相互关联的劳动过程所组成,如图 1-1 所示。

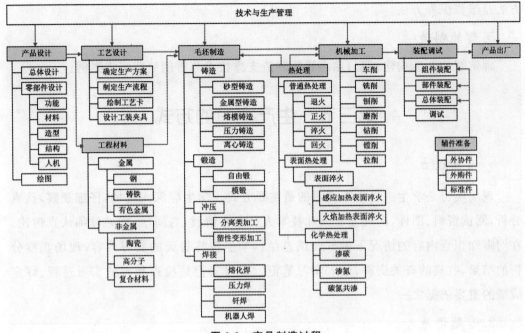

图 1-1 产品制造过程

生产实习环节就是让学生到生产现场认识和了解机械产品制造全过程的相关内容。

1. 企业概况

了解企业的历史、现状、发展规划；理解企业管理模式、企业组织机构及生产管理系统；企业的规模、主要产品、生产纲领、主要车间布局等。

2. 产品零件机械制造过程

（1）零件原材料准备。理解常用工程材料的种类、性能、牌号及其力学性能检测方式和化学分析方法。

（2）毛坯件制造工艺。理解毛坯件铸造、锻造、冲压、焊接和热处理的常用方法。

（3）典型零件机械加工工艺。掌握分析典型零件的技术要求及其结构工艺性，具有结合现场加工情况拟定该零件的加工工艺的能力。

用工序图的方式详细记录现场指定零件的工艺过程，包括工序名称、设备型号、刀具与夹具类型、工件的定位与夹紧方式以及切削用量的选取等。

3. 装配工艺

理解常用装配方法及其生产现场应用；了解装配常用的工具；掌握主要部件装配线的布局及特点；了解产品总装配线装配流程。

4. 先进加工设备

理解先进加工设备的性能、结构特点及加工范围；熟悉先进加工设备的精度保持方法及维修保养方法。

5. 智能制造

理解智能制造构建模型;熟悉智能制造支撑技术与智能制造实施案例。

第三节 生产实习的方式

1. 现场实习

现场实习是学生进行生产实习的最主要方式。学生应深入现场,仔细观察,认真分析,阅读资料、图样,向现场工人和技术人员虚心请教,与同学、指导教师认真讨论。在明晰知识点内容的情况下做好归纳总结。学生应将每天的实习内容,现场观察分析的结果,收集的有关资料,记入实习笔记。实习笔记是检查和考核实习过程、评定成绩的重要依据之一。

2. 专题讲座

实习活动进行中,选择性安排适当的专题报告和专题讲座,包括典型零件的工艺分析、质量管理、刀具设计、夹具设计、设备加工能力剖析与技术工作经验介绍等专题讲座,使学生了解企业管理、学会工艺分析,达到综合能力的培养和提升。

3. 教师讲解

为了保证学生在专业理论知识不足的情况下实习的效果,教师可就现场实习中的具体问题,进行分析讲解,帮助学生认识问题的本质,理解问题的原理、方法和思路,做到理论联系实际,促进学生学习能力提高,保证实习效果提高。

4. 学生研讨

在教师组织下,学生对现场实习过程中遇到的学习要点进行讨论,加深对问题的理解深度。

第四节 生产实习的管理与指导

一、生产实习的管理

生产实习的管理是保持良好的实习秩序,使实习有计划、有步骤进行的重要保证,是提高生产实习教学质量的基础。因此,在实习中必须对学生进行严格管理,不断探索生产实习管理的新办法、新途径。

做好生产实习管理,最重要的是严明实习纪律,它是实习顺利进行的保证,也是保障实习安全的一项必要措施。生产实习纪律主要归纳如下：

(1)严格遵守实习企业的一切规章制度,主要有上下班制度、门卫制度、技术安全制度、卫生制度、作息制度等。

(2)在企业实习中,严禁随意触碰机床或其他设备的按钮。未经许可,严禁用手触摸任何工件。

(3)爱护实习企业的财产,如有损坏协商赔偿。

(4)说话文明,举止礼貌,尊重师傅、工程技术人员和管理人员。

(5)参加现场实习、专题讲座,不得迟到、早退,严禁旷课现象发生。

(6)实习期间,确因身体原因需要休息者,必须向指导老师请假。

(7)严禁打架、斗殴、酗酒、滋事等不良事件发生,一旦发生,必须给予严厉处分。

(8)在实习企业厂区严格杜绝吸烟、吃零食、乱丢垃圾、随地吐痰等不文明行为。

二、生产实习的指导

在生产实习中,教师应按生产实习教学大纲要求,研究实习的指导方法,不断地总结指导经验。在指导生产实习时应注意以下几点：

1.按生产实习的规律组织实习内容

生产实习的内容组织一般是在实习的前期,应多注意实习基础知识的学习,如工艺的基础知识、夹具的定位原理、刀具的结构和机床的构造等,并结合实例进行分析、研究,布置一定量的思考题,让学生自觉地围绕问题查找资料,从而做到主动地去实习。在实习的中期和后期可安排一定量的技术讲座,有助于实习的深入,使书本上的知识与生产实际知识紧密地结合起来,理论联系实际,提高生产实习的教学效果。

2.现场示例讲解

在生产实习中,教师可就现场实例进行详细地分析讲解,学生参与讨论,最后教师总结提高,这样就能大大地调动学生学习的积极性和求知欲,达到培养学生分析问题、解决问题能力的目的。

3.专题研学

在生产实习中,教师可根据实习企业的具体情况给学生布置一定量的专题进行调研,使学生始终带着问题实习,可以有效地提高生产实习的质量。

4.实习方法

在生产实习中,教师应教给学生如何实习的方法,在实习的各阶段要善于启发、诱导学生,使学生的实习步步深入。学生应充分发挥主观能动性和积极性,注意观察,深入调查,悉心研究。

第二章　常用工程材料及检验

第一节　常用工程材料

工程材料是指在机械、船舶、化工、建筑、车辆、仪器仪表、航空航天等工程领域中应用的材料。工程材料一般可分为金属材料和非金属材料两大类。

金属材料是指金属元素或以金属元素为主构成的具有金属特性的材料的统称，具有良好的导电性、导热性、延展性和金属光泽，是目前用量最大、应用最广泛的工程材料。金属材料分为两个大类，第一类是黑色金属，包括工业用钢和铸铁。黑色金属具有优良的机械性能，价格也较便宜，是最重要的工程金属材料。第二类是有色金属及合金，是指除黑色金属之外的所有金属及其合金。有色金属的种类很多，根据其特性的不同又可分为轻金属、重金属、贵金属、稀有金属、易熔合金、稀土金属和碱土合金等，它们是重要的具有特殊用途的材料。

在现代各行业所使用的材料中，非金属材料起着越来越重要的作用，它们中主要有陶瓷材料、高分子材料和复合材料等三大类。由于它们的各种特异的工程性能，正在越来越多地应用于各类工程中。非金属材料已不是金属材料的代用品，而是独立使用的材料，有时甚至是不可缺少的材料，它在现代工业和高技术领域中占有重要的位置。

本章主要介绍金属材料中的工业用钢、铸铁、有色金属及其合金，以及非金属材料中的陶瓷材料、高分子材料和复合材料。

一、工业用钢

工业用钢是指以碳钢为主，含有少量锰、硅、硫、磷等杂质元素，或有意加入一定量的合金元素的材料。由于其价格低廉，工艺性能好，力学性能能够满足一般工程和机械制造的要求，是工业中用量最大的金属材料。根据含碳量（w_c）的高低，工业用钢可分为：低碳钢，$w_c \leqslant 0.25\%$；中碳钢，$0.25\% < w_c < 0.60\%$；高碳钢，$w_c \geqslant 0.60\%$。

根据 GB/T 221—2008 规定，钢号由三部分组成：①化学元素符号，用来表示钢中所含化学元素种类；②汉语拼音字母，用来表示产品的名称、用途、冶炼方法等特点,常采用的缩写字母及含义见表 2-1;③阿拉伯数字,用来表示钢中主要化学元素含量(质量百分数)或产品的主要性能参数或代号。

表 2-1 钢号所用汉语拼音缩写及含义

缩写字母	钢号中位置	代表含义	举例	缩写字母	钢号中位置	代表含义	举例
A、B、C、D、E	尾	质量等级	Q235B 50CrVA	H	尾	保证淬透性结构钢	40CrH
BL	首	标准件用碳钢	BL3	K	首	锻造高温合金	K213
b	尾	半镇静钢	08b	L	尾	汽车大梁用钢	08TiL
C	首	船用钢	C20	ML	首	铆螺钢	ML40
DG	首	电工用硅钢	DG5	Q	首	屈服强度	Q235
DR	首	电工用热轧硅钢	DR400-50	q	尾	桥梁钢	16Mnq
DR	尾	低温压力容器钢	16MnDR	R	尾	压力容器钢	15MVR
d	尾	低淬透性钢	55Tid	SM	首	塑料模具钢	SM1
F	尾	沸腾钢	08F	T	首	碳素工具钢	T10
F	首	热锻非调质钢	F45V	U	首	钢轨钢	U71Mn
G	首	滚动轴承钢	GCr15	Y	首	易切削钢	Y15Pb
GH	首	变形高温合金	GH2130	Z	尾	镇静钢	45AZ
g	尾	锅炉用钢	20g	ZG	首	铸钢	ZG200-400
H	首	焊条钢	H08MnSi	ZU	首	轧辊用铸钢	ZU70Mn2

(一)碳素钢

1.碳素结构钢

碳素结构钢易于冶炼、价格便宜,性能基本能满足一般工程结构件的要求,大量用于制造各种金属结构和要求不很高的机器零件,是目前产量最大、使用最多的一类钢。碳素结构钢的质量等级分为 A、B、C、D 四级,A 级、B 级为普通质量钢,C 级、D级为优质钢。若在牌号后面标注字母 F 为沸腾钢,标注 b 为半镇静钢,不标 F、b 者便是镇静钢。如 Q235-A·F 表示屈服强度为 235MPa 的 A 级沸腾碳素结构钢。

2.碳素工具钢

碳素工具钢(非合金工具钢)中,碳的质量分数为 0.65%～1.35%,其碳含量范围可保证淬火后有足够高的硬度。生产成本较低,加工性能良好,可用于制作低速、手动刀具及常温下使用的工具、模具、量具等。各种牌号的碳素工具钢淬火后的硬度相差不大,但随着含碳量增加,钢的耐磨性提高,韧性降低。

碳素工具钢的牌号是在 T(碳的汉语拼音字首)的后面加数字表示,数字表示钢中碳的平均质量分数为千分之几。例如，T9 表示平均 $w_C = 0.9\%$ 的碳素工具钢，其常用于制作韧性中等、硬度高的工具，如冲头、凿岩工具等。碳素工具钢都是优质钢，若钢号末尾标 A，则表示该钢是高级优质钢。

(二)合金钢

1.合金结构钢

合金结构钢是在优质碳素结构钢的基础上，特意加入一种或几种合金元素而形成的能满足更高性能要求的钢种。合金结构钢可以根据其热处理特点和主要用途分为合金渗碳钢、合金调质钢和合金弹簧钢。例如，20CrMnTi 是应用最广泛的合金渗碳钢，用于截面在 30mm 以下、高速运转并承受中等或重载荷的重要渗碳件，如汽车、拖拉机的变速齿轮、轴等零件。40Cr 是应用最广泛的合金调质钢，主要用于较为重要的中小型调质件；如机床齿轮、主轴、花键轴、顶尖套等。60Si2Mn 钢是应用最广泛的合金弹簧钢，其生产量约为合金弹簧钢产量的 80%，适于制造厚度小于 10mm 的板簧和截面尺寸小于 25mm 的螺旋弹簧，在重型机械、铁道车辆、汽车、拖拉机上都有广泛的应用。

2.合金工具钢

工具钢是用来制造刃具、模具和量具的钢，按化学成分可分为碳素工具钢、低合金工具钢、高合金工具钢等。合金工具钢与碳素工具钢相比，主要是合金元素提高了钢的淬透性、热硬性和强韧性。合金工具钢通常按用途分类，包括量具刃具钢、耐冲击工具钢、冷作模具钢、热作模具钢、无磁工具钢和塑料模具钢等。高速工具钢（简称高速钢）用于制造高速切削的刃具，有锋钢之称。例如，9SiCr 是应用广泛的刃具钢，用于制作要求变形小的各种薄刃低速切削刃具，如板牙、丝锥、铰刀等。

(三)特殊性能钢

用于制造在特殊工作条件或特殊环境（腐蚀、高温等）下具有特殊性能要求的构件和零件的钢材，称为特殊性能钢。特殊性能钢一般包括不锈钢、耐热钢、耐腐蚀钢、耐磨钢等。

二、铸铁

铸铁是指在凝固过程中经历共晶转变，用于生产铸件的铁基合金的总称。在这些合金中，碳当量超过了在共晶温度时能使碳保留在奥氏体固溶体中的量。铸铁中含有的碳、硅、锰元素及硫、磷等杂质元素比碳钢多。

根据石墨的形态不同，可将铸铁分为灰铸铁（石墨为片状）、可锻铸铁（石墨为团絮状）、球墨铸铁（石墨为球状）和蠕墨铸铁（石墨为蠕虫状）等，它们的组织形态都是由某种基体组织加上不同形态的石墨构成的,如图 2-1 所示。

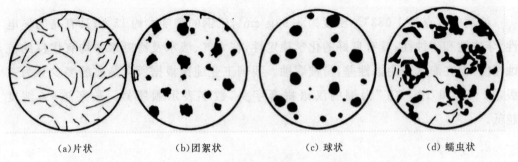

　(a)片状　　　　　(b)团絮状　　　　　(c)球状　　　　　(d)蠕虫状

图 2-1　铸铁中石墨形态示意图

三、有色金属及其合金

通常把钢和铸铁以外的金属如铝、镁、铜、钛、锡、铅、锌等及其合金统称为有色金属。与黑色金属相比,有色金属具有比密度小、比强度高等许多优良的特性,在航空航天、军事、船舶、机电、仪表等工业领域广泛应用。

(一)铝及其合金

铝及其合金在工业生产中的应用量仅次于钢铁,居有色金属的首位,其最大特点是质量轻、比强度和比刚度高、导热导电性好、耐腐蚀,广泛用于飞机制造业,成为宇航、航空等工业的主要原材料,在民用工业中,广泛用于食品、电力、建筑、运输等各个领域。

1.纯铝

纯铝的熔点为 660.4℃,它在固态下呈面心立方晶体结构,塑性好(δ 为 30%~50%,ψ 为 80%),可进行冷热压力加工,一般做成线、丝、箔、片、棒、管材等使用。铝的密度低,为 2.72g/cm³,仅为铁的 1/3,属于轻金属。

2.铝合金

纯铝的强度低,不能作为结构材料使用。但在铝中加入一定量的合金元素,如Si、Cu、Mg、Mn 等(主加元素)和 Cr、Ti、B、Ni、Zr 等(辅加元素),可得到较高强度的铝合金。再经冷变形和热处理,其强度还可以进一步提高,可用于制造承受较大载荷的结构件和机器零件。根据化学成分和加工工艺特点,可将铝合金分为变形铝合金和铸造铝合金两大类。

(二)铜及其合金

铜及其合金是人类最早使用、至今也是应用最广泛的金属材料之一。其最大特点是导电性和导热性好,耐腐蚀,有优良的塑性,可以焊接或冷、热压力加工成型;是电力、化工、航空、交通等领域不可缺少的重要金属材料。

1. 纯铜

纯铜的熔点为 $1\,083℃$,密度为 $8.93g/cm^3$,比钢的密度大约 15%;具有高的导电性、导热性和耐蚀性;具有良好的化学稳定性,在大气、淡水及冷凝水中均有优良的抗蚀性能,但在海水中耐蚀性差,易被腐蚀。我国工业纯铜根据所含杂质的多少分为三级:T1、T2 和 T3。"T"为铜的汉语拼音字头,数字表示顺序号。数字越大,纯度越低。

2. 铜合金

纯铜的强度不高,用加工硬化方法虽可提高铜的强度,但却使其塑性大大下降,因此常用合金化的方法来获得强度较高的铜合金,作为结构材料。常用的铜合金主要是黄铜和青铜。铜和锌的合金称为黄铜。按照黄铜的化学成分,黄铜可分为简单黄铜和复杂黄铜两类。只含锌不含其他合金元素的黄铜称为简单黄铜或普通黄铜。除锌以外还含有一定数量的其他合金元素的黄铜称为复杂黄铜或特殊黄铜。

此外,在工业中应用较广的有色金属及其合金还包括钛、镁、锌及其合金等。

四、陶瓷材料

陶瓷材料属于无机非金属多晶材料,是以共价键和离子键结合为主的材料,其性能特点是熔点高、硬度高、耐腐蚀、脆性大。

陶瓷材料分为传统陶瓷、特种陶瓷和金属陶瓷三类。传统陶瓷又称普通陶瓷,以天然材料(如黏土、石英、长石等)为原料,主要成分为硅、铝氧化物的硅酸盐,主要用作建筑材料;特种陶瓷又称精细陶瓷,是以高熔点的氧化物、碳化物、氮化物、硅化物等人工合成材料为原料的烧结材料,常用作工程上的耐热、耐蚀、耐磨零件;金属陶瓷是金属与各种化合物粉末的烧结体,主要用于制作工具和模具。

陶瓷按性能和用途分为结构陶瓷和功能陶瓷。结构陶瓷作为结构材料用来制造结构零部件,主要利用其优良的力学性能,如强度、韧性、硬度、模量、耐磨性、耐高温性能(高温强度、抗热震性、耐烧蚀性)等。功能陶瓷作为功能材料用来制造功能器件,主要利用其特殊的物理性质,如电磁性能、热性能、光性能、生物性能等。

五、高分子材料

高分子材料为有机合成材料,也称为聚合物,是以分子键和共价键结合为主的材料。高分子材料由大量相对分子质量特别大的大分子化合物组成,每个大分子都包含有大量结构相同、相互连接的链节。

高分子材料具有良好的塑性、较强的耐蚀性、很好的电绝缘性、重量轻、减振性好及密度小等优良性能。高分子材料种类很多,性能各异,在机械制造、交通运输、航空航天、建筑、电子、化工、轻工、包装、医疗以及国防科技等各个领域的使用已经相当普遍。

六、复合材料

把用两种或两种以上不同性质或不同结构的材料以微观或宏观的形式组合在一起而形成的材料称为复合材料。它具有组成材料的优点，能获得单一材料无法具备的优良综合性能，从而达到进一步提高材料性能的目的。复合材料的比强度、比模量高，抗疲劳性能好，减磨、耐磨、自润滑性能好，化学稳定性好。

复合材料的全部相分为基体相和增强相。基体相起黏结剂作用，增强相起提高强度（或韧性）作用。复合材料有以下几种分类方法：

（1）按基体不同，分为非金属基体和金属基体两类。目前使用较多的是以高分子材料为基体的复合材料。

（2）按增强相种类和形状不同，分为颗粒、层叠、纤维增强等复合材料。

（3）按性能不同，分为结构复合材料和功能复合材料两类。结构复合材料是指利用其力学性能，用以制作结构和零件的复合材料。功能复合材料是指具有某种物理功能和效应的复合材料，如磁性复合材料等。

纤维复合材料大部分是纤维和树脂的复合。根据所用的纤维和树脂的不同，可分为玻璃纤维复合、碳纤维复合、石墨纤维复合、硼纤维复合、晶须复合、石棉纤维复合、植物纤维复合、合成纤维复合等材料。复合后的性能一般都能发挥长处，克服短处。

中国一拖集团有限公司（以下简称中国一拖）常用的金属材料有 45 号钢、40Cr、35CrMo、HT150、HT200、HT250 等，其中 45 号钢、40Cr、35CrMo 主要用于发动机连杆等零件，HT150、HT200、HT250 等常作为发动机缸盖的材料。

第二节　材料检验

材料检验主要是检验材料的使用性能。本章主要介绍材料的力学性能（强度、塑性、硬度、韧性）和化学性能的检测。

一、力学性能检验

（一）强度

在外力作用下，材料抵抗塑性变形和断裂的能力称为强度。在拉伸曲线上可以测定材料的屈服强度和抗拉强度。当承受拉力时，强度特性指标主要是屈服强度 σ_s 和抗拉强度 σ_b。

拉伸试验是测定材料力学性能最常用的试验。金属材料的强度、塑性指标一般是通过拉伸试验来测得的,该试验是将标准试样装在拉伸试验机上,然后再沿试样两端轴向缓慢施加拉伸载荷,试样的工作部分受轴向拉力作用产生变形,随拉力的不断增大,变形也相应增加,直至拉伸断裂。拉伸前后的试样如图 2-2 所示。一般拉伸试验机上都带有自动记录装置,可绘制出载荷 F 与试样伸长量 ΔL 之间的关系曲线,并可据此测定应力(σ)-应变(ε)关系:$\sigma = F/A_0$(MPa)、$\varepsilon = L/\Delta L$(%)。图 2-2 所示的是低碳钢拉伸的应力-应变曲线($\sigma\varepsilon$ 曲线)。

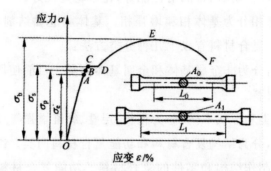

图 2-2　低碳钢拉伸的应力-应变曲线及拉伸试样

从图 2-2 中可以看出,低碳钢在外载荷拉伸作用下的变形过程可分为 3 个阶段,即弹性变形阶段、塑性变形阶段和断裂阶段。

1. 屈服强度

由图 2-2 可以看出,当超过 B 点后,试样除有弹性变形外,还产生塑性变形。在 CD 段上,表现出应力几乎不增加而应变却继续增加,此时若取消外加载荷,试样的变形不能完全消失,将保留一部分残余的变形,这种不能恢复的残余变形称为塑性变形。试样屈服时承受的最小应力,即 C 点对应的应力值 σ_s 称为屈服强度或屈服极限,单位为 MPa,反映了材料对明显塑性变形的抗力。实际上,不少材料并没有明显的屈服现象,难以确定开始塑性变形的最低应力值,因此,规定试样产生 0.2% 残余应变时的应力值为该材料的条件屈服强度,以 $\sigma_{0.2}$ 表示。一些工程材料零件(如紧固螺栓)在使用时是不允许发生塑性变形的,因此屈服强度是工程设计与选材的重要依据之一。

2. 抗拉强度

材料发生屈服后,其应力与应变的变化(见图 2-2)的 DE 段,E 点对应的应力达到 σ_b;在 E 点之前,材料的塑性变形是均匀的;E 点以后,试件产生"缩颈",开始迅速伸长,变形集中于试样的局部,应力明显下降;到 F 点试件断裂。σ_b 称为抗拉强度或强度极限,单位为 MPa,它代表材料在拉伸条件下,发生断裂前所能承受的最大应力,或者是材料产生最大均匀变形抗力。对于那些变形要求不高的机件,无需靠 σ_s 来控制产品的变形量,常将 σ_b 作为设计与选材的依据。同时,σ_b 也广泛用做产品规格说明和质量控制指标。σ_s 与 σ_b 的比值叫做屈强比,屈强比越小,工程构件的可靠性越高,万一超载也不致马上断裂。屈强比太小,则材料强度的有效利用率太低。合金化、热处理、冷热加工对材料的 σ_b、σ_s 数值会发生很大的影响。

从低碳钢拉伸应力-应变($\sigma\varepsilon$)曲线上可看出,当应力 σ 不超过 σ_p 时,OB 为直线,应力与应变成正比,B 点是保持这种关系的最高点,σ_p 称为比例极限。只要加载后的应力不超过 σ_e,若卸载,变形立即恢复,这种不产生永久变形的能力称为弹性,σ_e 为不产生永久变形的最大应力,称为弹性极限。σ_e、σ_p 很接近,在工程实际应用时,两者常取同一数值。OB 的斜率(其应力与应变的比值,即 $E=\sigma/\varepsilon$)为试样材料的弹性模量,单位为 MPa。弹性模量 E 是衡量材料产生弹性变形难易程度的指标,因此工程上把弹性模量 E 叫做材料的刚度。E 值越大,即刚度越大,材料越不容易产生弹性变形。弹性模量 E 主要决定于材料本身,是金属材料最稳定的性能之一,合金化、热处理、冷热加工对它的影响很小。弹性模量随着温度的升高而逐渐降低。

抗拉强度检验所需设备为抗拉强度试验机(见图 2-3)和万能试验机(见图 2-4)等。

图 2-3　抗拉强度试验机　　　　图 2-4　微机控制电液伺服万能试验机

(二)塑性

塑性指材料在外力的作用下,能够产生永久变形而不破坏的能力,常用伸长率、断面收缩率来表示。伸长率是利用拉力机拉断标准试件时,总伸长长度与初始长度之比,以 $\delta(\%)$ 表示。断面收缩率指试件拉断时横断面缩小的面积与原始截面面积的比值,以 $\varphi(\%)$ 表示。伸长率和断面收缩率越大,说明材料的塑性越好,便于加工成形,避免制造的设备在使用过程中发生脆性破坏。

在拉伸试验中,所采用的试样有长短两种:长试样($L_0=10d_0$)的伸长率写成 δ 或 δ_{10};短试样($L_0=5d_0$)的伸长率需写成 δ_5。对于同一材料,$\delta_5>\delta$。对于不同材料,δ 值

和 δ_5 值不能比较。

材料应具有一定的塑性才能承受各种变形加工,并且材料有了一定的塑性还可提高机件使用的可靠性,防止突然断裂。伸长率和断面收缩率只是材料塑性的标志,一般不作为设计零件的直接依据。

(三)硬度

硬度是衡量材料软硬程度的指标,反映材料表面抵抗局部塑性变形的能力。工程上常用的硬度指标有布氏硬度、洛氏硬度、维氏硬度等。

1. 布氏硬度

布氏硬度测试方法是由瑞典工程师布利涅尔(J. B Brinell)于 1900 年提出的。布氏硬度的测试是用一直径为 D 的淬火钢球或硬质合金球,在规定载荷 F 作用下压入被测试金属的表面层,停留一定时间后,卸除载荷,测量被测试金属表面上所形成的压痕直径 d,如图 2-5 所示。

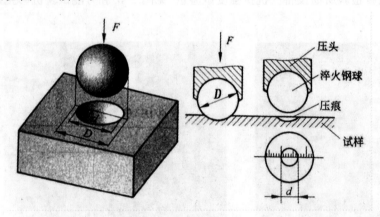

图 2-5　布氏硬度测试原理

由此计算压痕的球缺面积 S,然后再求出压痕的单位面积所承受的平均压力(F/S),以此作为被测试金属的布氏硬度值(HB)。HB 数值一般不需要计算,而用带有刻度盘的放大镜测量出压痕的直径,直接查表得 HB 的大小。HB 一般只标大小而不标单位。

2. 洛氏硬度

洛氏硬度测试方法是由美国的两个洛克威尔(S. P Rockwell 和 H. M Rockwell)于 1919 年提出的。洛氏硬度试验和布氏硬度试验一样,是压痕试验方法之一,如图 2-6 所示为金刚石圆锥体测定硬度的试验过程示意图。为保证压头与试样表面接触良好,试验时先加初始试验力 F_0,在试样表面得一压痕,深度为 h_0。此时,测量压痕深度的指针在表盘上指零,如图 2-6(a)所示。然后加上主试验力 F_1,并保持一定时间,压头压入深度为 h_1,表盘上指针以逆时针方向转动到相应刻度位置,如图 2-6(b)所示。试样在 F_1 作用下产生的总变形 h_1 中包括弹性变形与塑性变形。当将 F_1 卸除后,总变形中的弹性变形恢复,压头回升一段距离(h_1-h),如图 2-6(c)所示。这时试样表面残留的塑性变形深度 h 即为压痕深度,而指针顺时针方向转动停止时所指的数值就是洛氏硬度值。与布氏硬度试验不同,它不是根据压痕直径计算硬度值,而是用压痕深度来计算硬度值,并直接从硬度盘上读出硬度值。材料硬,压坑深度浅,则硬度值高;材料软,压坑深度深,则硬度值低。

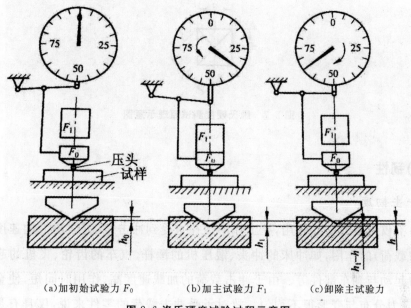

(a)加初始试验力 F_0　　(b)加主试验力 F_1　　(c)卸除主试验力

图 2-6 洛氏硬度试验过程示意图

洛氏硬度试验所用的压头有两种:一种是硬质圆锥形($\alpha=120°$)的金刚石圆锥体;另一种是软质的直径为 1.588mm 的小淬火钢球(HV850 以上)或硬质合金球。

3.维氏硬度

维氏硬度试验是由英国的史密斯(R. L Smith)和桑德兰德(G. E Sandland)于1925 年提出的。洛氏硬度虽可采用不同的标尺来测定软、硬不同金属材料的硬度,但不同标尺的硬度值间没有简单的换算关系,使用上很不方便。为了能在同一硬度标尺上测定软硬金属材料的硬度值,特制定了维氏硬度试验法。维氏硬度的试验原理基本上和布氏硬度试验相同。如图 2-7 所示为维氏硬度测试原理示意图。它是用一相对面夹角为 136°的金刚石正四棱锥体压头,在规定载荷 F 作用下压入被测试材料表面,保持一定时间后卸除载荷,然后再测量压痕投影的两对角线的平均长度 d,如图 2-7 所示,并计算出压痕的表面积 S,最后求出压痕表面积上平均压力(F/S),即为金属的维氏硬度值,用符号 HV 表示。

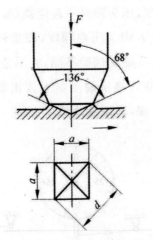

图 2-7　维氏硬度测试原理示意图

(四)韧性

1.冲击韧度

材料不仅受静载荷的作用,在工作中往往也受到冲击载荷(以很大的速度作用于零件上的载荷)的作用,如冲床的冲头、锻压机的锤杆、汽车的齿轮、飞机的起落架以及火车的起动与刹车部件等。由于冲击载荷的加载速度高、作用时间短,使金属在受冲击时,应力分布与变形很不均匀。故对承受冲击载荷的零件来说,仅具有足够的静载荷强度指标是不够的,必须考虑材料的抵抗冲击载荷的能力。材料在冲击载荷作用下抵抗变形和断裂的能力叫冲击韧度,用符号 a_K 表示。为了评定材料的冲击韧性,需进行冲击试验。

目前最常用的冲击试验方法是摆锤式一次性冲击试验,冲击试样的类型较多,试验时,把准备好的标准冲击试样放在试验机的机架上,试样缺口背向摆锤,如图 2-8 所示。将一定质量(m)的摆锤升至一定高度 H_1,使其具有势能,然后释放摆锤,使其刀口冲向试样缺口的背面,将试样冲断后,摆锤继续上升到一定高度 H_2,在忽略摩擦和阻尼等条件下,摆锤冲断试样所做的功,称为冲击吸收功,用 A_K 表示,单位为焦耳(J)。

试验时,冲击吸收功的数值在冲击试验机的指示标盘上直接读出。对一般钢材来说,所测冲击吸收功越大,材料的韧性越好。当冲击吸收功除以试样缺口底部处的横截面积 S 时,可获得冲击韧度值。有些国家(如英、美、日等)直接以冲击吸收功 A_K 表示冲击韧度指标。

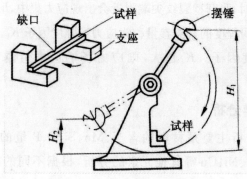

图 2-8 冲击试验示意图

2. 断裂韧度

在实际应用中,有些高强度钢制造的零件和由中、低强度钢制造的大型零件,往往在工作应力远低于屈服强度(σ_s、$\sigma_{0.2}$)时发生脆性断裂。这种在屈服条件以下的脆性断裂称为低应力脆断。

经过大量研究表明,工程中实际使用的材料,其内部存在着微小的裂纹、气孔等难以避免的缺陷。这些缺陷破坏了材料基体的连续性,当它们达到一定尺寸后,相当于基体中存在着宏观裂纹一样,由于裂纹的存在,在外力作用下,裂纹尖端势必存在着应力集中,使此处应力远超过外加的应力,导致外加应力还远低于材料的屈服强度时,裂纹尖端的应力已远远超过了屈服强度,并达到了材料的断裂强度,从而造成裂纹尖端处失稳,出现快速扩展,乃至断裂。因此,这些微裂纹在外力作用下是否易于扩展及扩展速度的快慢,将成为材料抵抗低应力脆断的一个重要指标。

根据应力和裂纹扩展的取向不同,裂纹扩展可分为张开型(Ⅰ型)、滑开型(Ⅱ型)和撕开型(Ⅲ型)等三种基本形式,如图 2-9 所示。在实践中,三种裂纹扩展形式中以张开型(Ⅰ型)最危险,最容易引起脆性断裂。

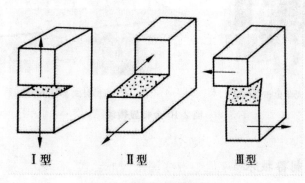

图 2-9 裂纹扩展基本形式

当材料受外力作用时,张开型裂纹尖端附近会出现应力集中,形成一个裂纹尖端应力场。反映这个应力场强弱程度的有关参量称为应力场强度因子 K_I,单位为 MPa·$m^{1/2}$,脚标 I 表示 I 型裂纹强度因子。K_I 越大,则应力场的应力值越大,或者说裂纹尺寸越大。

二、金属材料化学分析

材料的化学成分分析主要是材料的含 C、Mn、Si、S、P 量的分析,即五大元素分析。对于 Cr、Mo、V、Ti、Ni、Cu 等其他元素的分析,根据不同的检测要求确定。化学成分分析可以定量分析出材料的成分含量。另外使用光谱分析的方法也可以分析出材料的化学成分,但精度较低,只可以大致确定一个范围值。金属材料常用的化学检测仪器有金相显微镜、直读光谱仪和扫描电子显微镜。金相显微镜是对金属内部组织结构进行检验,直读光谱仪是对金属材料化学成分的定量检测,扫描电子显微镜是对被测样品本身的各种物理、化学性质的信息获取。

(一)金相显微镜

金相显微镜是用于观察金属内部组织结构的重要光学仪器,是铸造原成品材料分析和机械加工来料检验以及成品组织缺陷分析的主要实验仪器。

1.金相显微镜的组成

普通光学金相显微镜主要由三个系统组成,即光学系统、照明系统和机械系统,如图 2-10 所示。

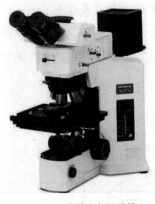 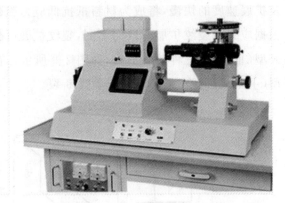

(a)光学金相显微镜　　　　　　　　　　(b)卧式金相显微镜

图 2-10 金相显微镜

2.金相试样制备技术

金相试样制备步骤:取样→镶样→磨制→抛光→浸蚀。

（1）取样。纵向取样是指沿着钢材的锻轧方向进行取样，主要检验内容为：非金属夹杂物的变形程度、晶粒畸变程度、塑性变形程度、变形后的各种组织形貌、热处理的全面情况等。

横向取样是指垂直于钢材锻轧方向取样，主要检验内容为：金属材料从表层到中心的组织、显微组织状态、晶粒度级别、碳化物网、表层缺陷深度、氧化层深度、脱碳层深度、腐蚀层深度、表面化学热处理及镀层厚度等。

缺陷或失效分析取样，截取缺陷分析的试样，应包括零件的缺陷部分在内。取样时应注意不能使缺陷在磨制时被损伤甚至消失。

（2）镶样。对于形状特殊或尺寸细小不易握持的试样，要进行镶样或机械夹持。一般情况下，如果试样大小合适，则不需要镶样，但试样尺寸过小或形状极不规则者，如带、丝、片、管等，制备试样十分困难，就必须把试样镶嵌起来。镶样分热镶样和冷镶样两种。热镶样适用于低温及压力不大的情况下发生变形的样品。一般多采用塑料镶样，镶样材料有热凝性塑料（如胶木粉）、热塑性塑料（如聚氯乙烯）、冷凝性塑料（环氧树脂加固化剂）等。冷镶样法适用于对温度及压力敏感的材料，以及微裂纹的试样。镶样材料有环氧树脂、丙烯酸、聚酯树脂。牙托水镶样法是冷镶样方法之一，将欲镶样的细小试样放置在一块平整的玻璃上，用合适的金属圈或塑料圈套在试样外面，室温下将牙托粉加适量的牙托水调成糊状（不能太稀），并迅速注入金属圈或塑料圈内待 30min 后即固化，目前这种方法完全可取代低熔点合金镶样法。

（3）磨制。磨制分为粗磨与精磨。粗磨在砂轮上用砂轮磨制，精磨一般在 3～6 种金相砂纸上进行。

粗磨的目的是为整平试样，并磨成合适的形状。金相试样的磨光除了要使表面光滑平整外，更重要的是应尽可能减少表层损伤。精磨的目的是消除粗磨时留下的较深的磨痕，为下一步抛光打好基础。

（4）抛光。抛光的目的是要尽快把精磨留下的细微磨痕抛光成为光亮无痕的镜面，金相试样的抛光分为机械抛光、化学抛光、电解抛光三类。

（5）浸蚀。试样机械抛光后，在显微镜下，只能看到光亮的磨面及夹杂物等。要对试样的组织进行显微分析，还必须让试样经过浸蚀。常用的浸蚀方法有化学浸蚀法和电解浸蚀法（观察非金属夹杂的金相试样，直接采用光学法，不需要作任何浸蚀）。浸蚀过程如图 2-11 所示。

化学浸蚀是将抛光好的样品磨光面在化学腐蚀剂中腐蚀一定时间，从而显示出其试样的组织形貌。

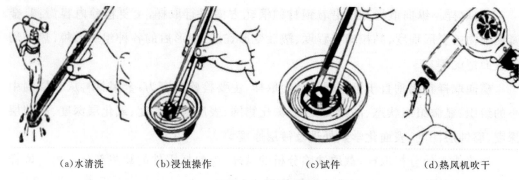

(a)水清洗　　　　(b)浸蚀操作　　　　(c)试件　　　　(d)热风机吹干

图 2-11　浸蚀过程

(二)直读光谱仪

直读光谱仪,英文名为 OES(Optical Emission Spectrometer),即原子发射光谱仪。直读光谱仪分为台式(见图 2-12)、立式和手持式。

直读光谱仪用于对金属材料化学成分的定量检测,目的在于对被检测材料有一个直接的了解,以判断被测材料是否合格。直读光谱仪能更有效地用于炉前快速分析,所以冶炼、铸造以及其他金属加工企业多采用这类仪器作为一种常规分析手段,从产品质量、经济效益等方面来看,它是十分有利的分析工具。

(三)扫描电子显微镜

扫描电子显微镜是依据电子与物质的相互作用,当一束高能的入射电子轰击物质表面时,被激发的区域将产生二次电子、俄歇电子、特征 X 射线和连续谱 X 射线、背散射电子、透射电子,以及在可见、紫外、红外光区域产生的电磁辐射。同时,也可产生电子-空穴对、晶格振动(声子)、电子振荡(等离子体)。原则上讲,利用电子和物质的相互作用,可以获取被测样品本身的各种物理、化学性质的信息,如形貌、组成、晶体结构、电子结构和内部电场或磁场等。扫描电子显微镜如图 2-13 所示。

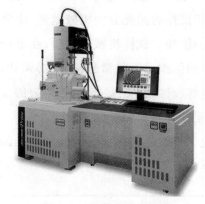

图 2-12　直读光谱仪图　　　　　图 2-13　扫描电子显微镜

　　扫描电子显微镜正是根据上述不同信息产生的机理,采用不同的信息检测器,使选择检测得以实现。如对二次电子、背散射电子的采集,可得到有关物质微观形貌的信息;对 X 射线的采集,可得到物质化学成分的信息。正因如此,根据不同需求,可制造出功能配置不同的扫描电子显微镜。

第三节　本 章 小 结

　　本章阐述了常用工程材料特性及其用途,材料力学性能检验和化学分析的基本内容,并介绍了常用工程材料中金属材料、陶瓷材料、高分子材料和复合材料的特点、类别和用途。金属材料主要包括工业用钢(碳素钢、合金钢)、铸铁和有色金属及合金(铝及铝合金、铜及铜合金)。并介绍了材料理化检验中力学性能(强度、塑性、硬度、韧性)和化学性能检测的原理。

　　中国一拖常用的力学性能检验和化学分析设备主要有抗拉强度试验机、WAW-Y500 微机控制电液伺服万能试验机、光学金相显微镜、直读光谱仪、卧式金相显微镜、德国 NEOPHT32 MM-6 金相显微镜、英国莱卡 LEICAS4401 扫描电子显微镜等,以上设备位于一拖理化检验分析中心。

　　1.工业用钢、铸铁中碳的质量分数分别是多少?

　　2.合金结构钢大致可分为哪几种?

　　3.在零件设计中必须考虑的力学性能指标有哪些?

　　4.塑性指标在工程上有哪些实际意义?

　　5.比较布氏、洛氏、维氏硬度的测量原理及应用范围。

第三章　铸　造

铸造成型是将金属熔化成液态后，浇铸到与拟成型零件的形状及尺寸相适应的铸型型腔中，待其冷却凝固后获得零件毛坯的生产方法。铸造是历史最悠久的金属材料成型方法，直到今天仍然是机械零件毛坯生产的主要方法之一。铸造生产具有以下独特的优点。

(1)适用范围广。铸造生产不受铸件大小、壁厚、重量和形状的限制，铸件长度从几十毫米到十几米，质量从几克到几百吨。另外，铸造能够制成形状复杂，特别是具有复杂内腔的零件。铸件在现代机械产品中所占的比例很大，例如内燃机中的关键零件，如缸体、缸盖、活塞、曲轴、进/排气管等，都是铸件，占内燃机总重量的 $80\%\sim90\%$；在机床、泵和阀等通用机械中，铸件要占 $60\%\sim80\%$。

(2)材料来源广。几乎所有的金属材料都可以用于铸造，包括铸铁、铸钢、铝合金、镁合金、钛合金及锌合金等。

(3)成本低廉。可大量利用废、旧金属材料，而且动力消耗小。另外，铸件在一般机器中所占总质量的 $40\%\sim80\%$，成本仅占机器总成本的 $25\%\sim30\%$。

(4)具有一定的尺寸精度。一般情况下，铸件比普通锻件、焊接件成型尺寸精度高。

铸造的方法种类繁多，按照生产方法可分为砂型铸造和特种铸造。按照金属分类可分为铸铁、铸钢、铝合金、镁合金、铜合金、钛合金等铸造。砂型铸造是铸造生产中应用最广泛的一种方法，砂型铸造生产的铸件占铸件总产量的 $80\%\sim90\%$ 以上。但是砂型铸造生产率低，铸件表面粗糙，劳动条件差，铸造成型所提供的铸件往往是半成品的坯件，需要再进一步进行机械加工。随着铸造成型技术的不断发展，少、无切削的精密铸造成型技术，如熔模铸造、金属型铸造、压力铸造、离心铸造等特种铸造，已得到成功的应用，从而使零件的生产工序、生产周期和生产成本大大减少，提高了产品的竞争能力。

第一节　常用铸造方法

一、砂型铸造

砂型铸造是将液态金属浇铸到砂型的一种铸造方法。砂型铸造是目前应用最广泛的铸造方法,它适用性强,工艺设备简单,造型材料来源广泛,可用于生产各种不同尺寸、形状及各种合金的铸件,尤其适合批量小、大型复杂铸件的生产。

砂型铸造的工艺过程如图 3-1 所示。首先,根据零件的形状和尺寸设计并制造出模样和芯盒,配制好型砂和芯砂;用型砂和模样在砂箱中制造砂型,用芯砂在芯盒中制造型芯,将砂芯装入砂型中,合箱即得完整的铸型;最后将金属液浇入铸型型腔,冷却凝固后落砂清理即可得到所需的铸件。

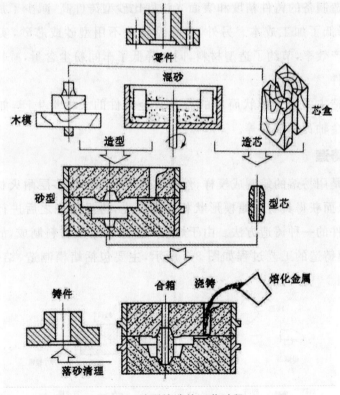

图 3-1　砂型铸造的工艺过程

二、金属型铸造

金属型铸造称为硬模铸造,它是将液态金属用重力浇铸法浇入金属铸型中,以获得铸件的铸造方法。由于金属铸型可反复使用许多次,故又称其为永久型铸造,如图 3-2 所示。

金属铸型导热速度快,铸件在凝固时冷却速度快,铸件晶粒细小,因此金属型铸件的力学性能比砂型铸件高。例如铝合金铸件,采用金属铸造时,其抗拉强度可提高约25%,屈服强度提高约20%。另外,铸件的表层结晶组织细密,形成铸造硬壳,铸件的耐蚀性和耐磨性均显著提高。

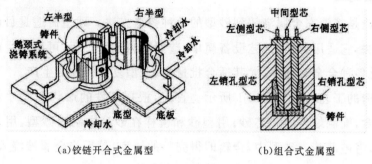

(a)铰链开合式金属型　　　　　　　(b)组合式金属型

图 3-2　金属型铸造

金属型铸造制备的铸件精度和表面光洁度比砂型铸件高,减少了加工余量,缩短了加工周期,降低了加工成本。另外,金属型铸造不用型砂或芯砂,实现了"一型多铸",提高了生产效率,节约了造型材料,同时降低了车间粉尘含量,减轻了环境污染,改善了劳动条件。

金属型铸造主要用于形状简单的有色合金铸件的大批量生产,如铝活塞、汽缸体、缸盖、铜合金轴瓦和轴套等。

三、熔模铸造

熔模铸造是用易熔的蜡制成模样,然后在蜡模表面涂覆多层耐火材料,待其硬化后熔去蜡模,从而获得具有与蜡模形状相应的型壳,再经焙烧之后进行浇铸,最终得到无分型面铸件的一种铸造方法。由于熔模一般采用蜡质材料制成,故又称其为"失蜡铸造"。熔模铸造的工艺过程如图 3-3 所示,主要包括蜡模制造、结壳、脱蜡、焙烧和浇铸等过程。

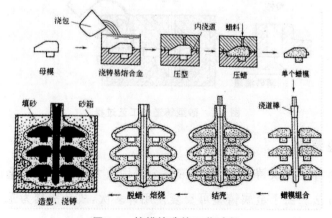

图 3-3　熔模铸造的工艺过程

熔模铸造采用可熔化的一次模,造型时无需起模,故型壳为整体而无分型面,型壳内表面极光洁,故有"精密铸造"之称。熔模铸件尺寸精度较高,表面粗糙度较低,一般精度达 IT10～IT14 级,表面粗糙度可达 $Ra\,2.5\sim6.3\mu m$。熔模铸造还可以生产薄壁铸件以及质量较小的铸件,熔模铸造最小壁厚可达 $0.5mm$,质量可以小到几克。另外,熔模铸件的外形和内腔形状几乎不受限制,可以制造出砂型铸造、锻压、切削加工等方法难以制造的形状复杂的零件。但是,熔模铸造工艺过程复杂,生产周期长,铸件成本高,铸件的质量一般小于 $25kg$。

熔模铸造主要用于生产小型精密铸件,尤其是适合生产形状复杂的薄壁铸件和一些高熔点、难切削加工的合金铸件,如汽轮机的叶片、成型刀具、汽车和拖拉机上的小型零件等。

四、压力铸造

压力铸造是将液态金属在高压下($20\sim200MPa$)快速压入金属型的铸型型腔,并在压力作用下快速凝固而获得铸件的一种成型方法。压力铸造通常在压铸机上进行,它所用的铸型称为压型。

卧式压铸机的工作过程如图 3-4 所示。合型后,将液态金属注入到压室中,压射柱塞向左推进,将金属液压入铸型。金属凝固后,压射柱塞退回,上下型芯移出,动型移开,顶杆顶出铸件。

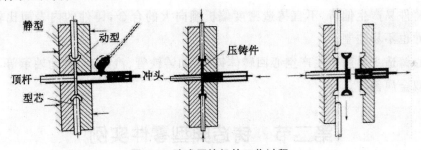

图 3-4　卧式压铸机的工作过程

压力铸造是在高速、高压下成型的,可铸出形状复杂、轮廓清晰的薄壁铸件,如铝合金笔记本电脑外壳。由于铸件在压铸型中迅速冷却且在压力作用下凝固,最终获得的铸件晶粒细小,组织致密,强度较高。压力铸造的生产周期短,一次操作的循环时间为 $5s\sim3min$,易于实现机械化和自动化,生产效率高。但压铸设备投资大,压型制造周期长,费用高,压型工作条件恶劣,易损坏。

压力铸造主要用于生产大批量、低熔点合金的中小型铸件,在汽车、拖拉机、仪表、电器、日用五金等行业得到了广泛的应用。

五、离心铸造

离心铸造是将液态金属浇入高速旋转的铸型中,在离心力作用下完成金属液的填充和凝固成型的一种铸造方法。离心铸造必须在离心铸造机上完成,主要用于生产圆筒形铸件。

根据铸型旋转轴空间位置的不同,离心铸造机可分为立式和卧式两大类,如图 3-5 所示。立式离心铸造机的铸型是绕垂直轴旋转的,主要用来生产高度小于直径的圆环形铸件;卧式离心铸造机的铸型是绕水平轴旋转的,主要用来生产长度大于直径的套类和管类铸件。

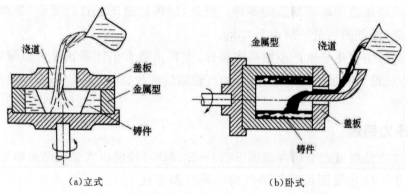

（a）立式 　　　　　　　　　　　　（b）卧式

图 3-5 离心铸造

离心铸造不用型芯,不需要浇冒口,工艺简单,生产率和金属的利用率高。离心力的作用有利于铸件中液体金属中的气体和夹杂物的排除,并能改善铸件凝固的补缩条件,因此铸件组织致密,无缩孔、缩松、气孔和夹渣等缺陷,力学性能好。但离心铸造的铸件易产生偏析,不宜铸造密度偏析倾向大的合金,铸件的内表面比较粗糙,内孔尺寸也不易控制。

离心铸造主要用于生产空心回转体铸件,如铸铁管、汽缸套、滑动轴承等,也可用于生产双金属铸件。

第二节　铸造典型零件实例

齿轮室是一种用于安装固定齿轮的壳体。采用气冲造型生产线生产某齿轮室时,采用的模具如图 3-6 所示,齿轮室材质为合金灰铸铁,牌号为 HT250,见 GB/T 9439—2010。

图 3-6　某齿轮室铸造模具

其现场铸造工序见表 3-1。

表 3-1 齿轮室铸造工艺过程

工序名称	主要工艺过程及要求
熔化、浇注	铸件硬度要求:180～240 HBS,同一平面硬度差≤15HB;铸件金相要求:珠光体应大于 90%,弥散分布的渗碳体和磷共晶总量不大于 3%(其中磷共晶不大于 1%),不允许有大块的渗碳体和磷共晶存在,石墨形态应以 A 型为主,石墨片长 4～6 级,分布应均匀
制芯	齿轮室 X-1 号芯采用 PT-2 覆膜砂 25kg 制芯机制芯,1 件/盒,芯盒固化温度 220～270℃,固化时间 2.5～5min,射砂压力 0.30～0.50 MPa,射砂时间 2～5s;齿轮室 X-2 号芯采用 12kg 热芯盒(使用过渡框连接在 25 kg 热芯盒制芯机上),2 件/盒,用 70/140 耐高温相变覆膜砂制芯,芯盒固化温度 220～240℃,固化时间 4～7min,射砂压力 0.30～0.50 MPa,射砂时间 2～4s
造型	造型机气冲压力:上型为 0.38～0.44MPa,下型为 0.38～0.44 MPa,上型开压实缸压实,保证型腔硬度:上型≥85 HB、下型≥90 HB
清理、涂漆、验收入库	时效后的铸件进粗抛,抛丸时间 6～10min。铸件进行清理打磨,清理后的铸件精抛前检查员 100%质量检查合格后。再次进入进行精抛,精抛后挂入悬链上再次吹灰、吹丸后喷环氧丙烯防锈底漆,检查员在悬链上二次检查,合格铸件入库
热处理	热处理工艺规范:①升温速度按 80℃/h;②加热温度 520～560℃,保温时间 2h;③冷却:随炉冷却到 220℃出炉空冷
检验	检验铸件化学成分、尺寸公差、热处理后硬度、金相要求等是否满足要求,铸件不得有裂纹、冷隔、缩松、夹渣等缺陷

第三节 本章小结

本章阐述了铸造的概念及优点,介绍了砂型铸造、金属型铸造、熔模铸造、压力铸造、离心铸造几种常用的铸造方法,说明了各工艺使用的范围,并用实例说明了中国一拖齿轮室铸造的工艺过程。

在铸造方面,中国一拖拥有德国 KW 造型生产线、国产静压造型线、瑞士 GF 气冲造型线、1.5 万吨消失模生产线、4 条铸铁件生产线,以及湿法旧砂再生系统和完备的环保设备、设施,这些设备位于铸锻有限公司。

思考题

1. 铸造工艺的优点是什么?

2. 分析砂型铸造、金属型铸造、熔模铸造、压力铸造、离心铸造的特点及适用范围。

3. 介绍熔模铸造的工艺过程。

第四章 锻造与冲压

第一节 锻 造

锻造广泛应用在工矿交通各行业中,如汽车、拖拉机、机床、矿山机械、动力机械和航天航海等部门。锻造生产能力及工艺水平,对一个国家的工业、农业、国防和科学技术所能达到的高度,影响很大。

一般地说,锻件的复杂程度不如铸件,经过热处理的锻件,无论冲击韧度、疲劳强度等力学性能均占绝对优势。大多数重要零件都选用锻造方法生产,其根本原因也就在于此。

一、常用锻造方法

锻造可分自由锻和模锻。自由锻适于单件小批生产(特别是大型锻件),可减少设备费用,提高经济性。模锻适用于成批、大批大量生产中小型锻件,可提高生产率,降低生产成本。

(一)自由锻

自由锻是用简单的通用性工具,在锻造设备的上、下砧铁之间直接对坯料施加外力,使坯料产生变形而获得所需几何形状及内部质量的锻件的加工方法。锻件的形状和尺寸往往由锻工的技术水平来决定。自由锻具有较大通用性,能够锻造各种大小的锻件,但金属损耗大,常用于生产形状简单、批量小的锻件。对于大型锻件,如冷轧辊、水轮机主轴和多拐曲轴等,只能采用自由锻以获得好的力学性能。因此,自由锻在重型机器制造中占有重要地位。

1.自由锻分类

自由锻分为手工锻造和机器锻造两种。手工锻造由于冲击力或压力较低,只能生产小型锻件,生产率较低;机器锻造是自由锻的主要生产方法。但由于自由锻件的精度低,机械加工余量大,工人的劳动强度高,因而广泛用于单件、小批生产中。

2.自由锻设备

常用的自由锻造设备有空气锤、蒸汽空气锤和液压机等。空气锤是通过电动机带动活塞,产生压缩空气,以驱动锤头动作。蒸汽空气锤是利用蒸汽或压缩空气作为动力源,把蒸汽或压缩空气的能量转变为锻锤下落部分的动能,对坯料进行加工的设备。液压机是以液体为介质传递能量,以实现多种锻压工艺的设备。液压机的工作介质有两种:一是以乳化液为介质的称为水压机;二是以油为介质的称为油压机。

3.自由锻基本工序

自由锻的基本工序有拔长、镦粗、冲孔、扩孔、弯曲、切断、扭转、错移和锻接等。其中以拔长、镦粗、冲孔和扩孔最为常用。

(1)拔长。在减少毛坯横截面积的同时增加其长度的一种锻造工序称为拔长。拔长工序常用来生产具有长轴线的锻件,如光轴、阶梯轴、拉杆和连杆等。如图 4-1 所示,拔长可在平砧上进行,也可在型砧上来完成,型砧拔长效率要比平砧高。

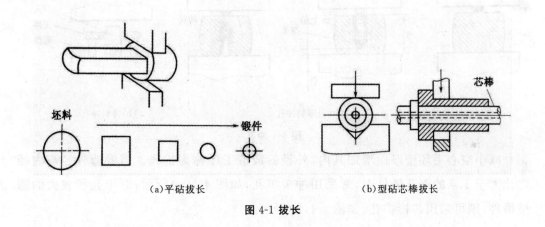

(a)平砧拔长　　　　　　　　　　(b)型砧芯棒拔长

图 4-1　拔长

拔长的变形程度可用变形前后的断面积之比值(称为拔长锻造比)来表示,一般可取 2.5～3。为提高拔长效率,送进量 L 应等于坯料宽度的 0.4～0.5 倍。此外,为减少空心坯料的壁厚和外径,增加其长度,还可采用芯棒拔长方式。

(2)镦粗。使毛坯高度减小、横截面积增大的一种锻造工序称为镦粗。它主要用来制造高度小、截面大的工件,如齿轮和法兰盘等,也可为冲孔作准备或用以增加以后的拔长锻造比。如图 4-2 所示,其中图 4-2(a)为完全镦粗,图 4-2(b)为局部镦粗。对于带凸座的盘类锻件或带较大头部的杆类锻件,可使用漏盘镦粗坯料某个局部,如图 4-2(c)所示。

镦粗的变形程度用坯料变形前后的高度比值表示,称为镦粗锻造比。镦粗坯料的原始高度 h_0 与直径 d_0 之比不宜超过 2.5～3,否则,镦粗时可能产生轴线弯曲。

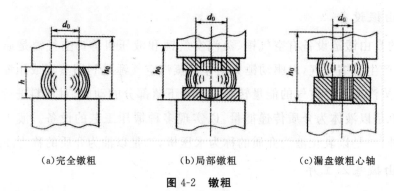

(a)完全镦粗　　　　(b)局部镦粗　　　　(c)漏盘镦粗心轴

图 4-2　镦粗

（3）冲孔和扩孔。用冲头在锻件上锻造出通孔或盲孔的生产工序称为冲孔。厚度较大的锻件一般应采用双面冲孔，如图 4-3(a)所示，而厚度较小的锻件则可采用单面冲孔，如图 4-3(b)所示。冲孔的基本方法可分为实心冲孔和空心冲孔两种，直径 $d<450mm$ 的孔用实心冲头冲孔，直径 $d>450mm$ 的孔用空心冲头冲孔。

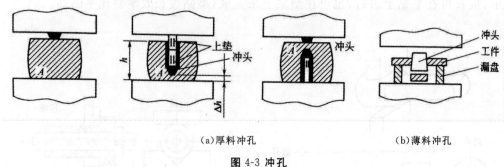

(a)厚料冲孔　　　　　　　　(b)薄料冲孔

图 4-3　冲孔

减小空心毛坯壁厚而增加其内、外径的锻造工序称为扩孔。当锻造外径与内径之比大于 1.7 的深孔锻件时，常采用冲头扩孔，如图 4-4(a)所示；对于孔径较大的薄壁锻件，则可采用芯棒扩孔，如图 4-4(b)所示。

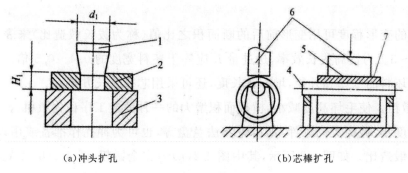

(a)冲头扩孔　　　　　　　　(b)芯棒扩孔

图 4-4　扩孔

1—冲头；2—工件；3—垫环；4—托架；5—坯料；6—上砧铁；7—芯棒

（4）弯曲。使用一定的工具将金属坯料在一定压力下弯成所需的角度和形状的锻造工序称为弯曲，如图 4-5 所示。通常采用这种工序来制造各种具有弯曲形状的锻件,如吊钩和U形叉等。

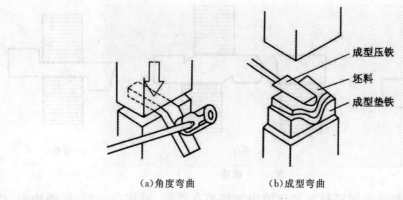

(a)角度弯曲　　(b)成型弯曲

图 4-5　弯曲

(5)切断。把坯料或工件锻切成两段(或数段)的加工方法称为切断。截面尺寸较小的坯料切断后,其断面比较平整;截面尺寸较大的坯料,因需要从两面进行切断,断面平整度较低,如图4-6所示。

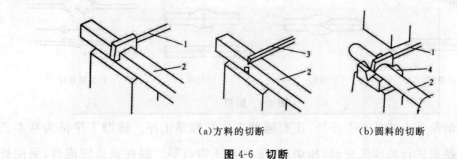

(a)方料的切断　　　　　(b)圆料的切断

图 4-6　切断

1—剁刀;2—工件;3—克棍;4—剁垫

(6)扭转。将毛坯的一部分相对于另一部分绕其轴线旋转一定角度的锻造工序称为扭转,如图4-7所示,通常可用来锻造具有空间复杂形状的锻件。

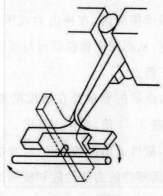

图 4-7　扭转

(7)错移。将坯料的一部分相对于另一部分错移开,但仍保持轴心平行的锻造工

31

序称为错移,如图 4-8 所示。

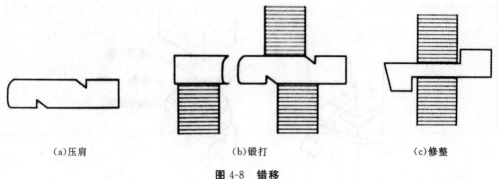

（a）压肩　　　　　　　　　（b）锻打　　　　　　　　　（c）修整

图 4-8　错移

（8）锻接。将两块金属坯料在加热炉内加热至高温后,对接在一起,用锤快击,使两者在固相状态结合的方法称为锻接,如图 4-9 所示。

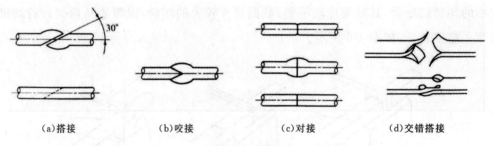

（a）搭接　　　　　　（b）咬接　　　　　　（c）对接　　　　　　（d）交错搭接

图 4-9　锻接

自由锻除了上述基本工序外,还有辅助工序和修整工序。辅助工序是为基本工序操作方便而进行的预先变形,如切痕、压肩和压钳口等。锻件锻造完成后,采用修整工序来减少锻件表面缺陷,包括抛光、校直、打圆、打平和倒棱等,其目的是为了使锻件尺寸准确、表面光洁。

（二）模锻

模锻是将金属坯料置于锻模模腔内,在冲击力或压力作用下产生塑性流动。由于模腔对金属坯料流动的限制,从而充满模腔获得与模腔形状相同的锻件。

模锻与自由锻比较有以下特点:

（1）生产效率高。模锻时,金属的变形是在锻模模腔内进行,故能较快地获得所需形状,生产率一般比自由锻高 3～4 倍,甚至十几倍。

（2）锻件成形靠模腔控制,故可锻出形状复杂、尺寸准确,更接近于成品的锻件且锻造流线比较完整,有利于提高零件的力学性能和使用寿命。

（3）锻件表面光洁,尺寸精度高,加工余量小,节约材料和切削加工工时。

（4）操作简便,质量易于控制,生产过程易实现机械化、自动化。

(5)模锻需要专门的模锻设备,要求功率大、刚性好、精度高,设备投资大,能量消耗大。另外,锻模制造工艺复杂,制造成本高、周期长。

由于上述特点,模锻主要适用于中小型锻件成批或大量生产。目前,模锻生产已越来越广泛应用于汽车、航空航天、国防工业和机械制造业中,而且随着现代化工业生产的发展,锻件中模锻件的比例逐渐提高。例如,按质量计算,汽车上的锻件中模锻件占70%,机车上占60%。

模锻可按所使用的设备不同分为:锤上模锻、胎模锻、压力机上模锻等。

1. 锤上模锻

锤上模锻是目前最常用的锻造方法。常用的设备有蒸汽-空气模锻锤、无砧座锤和高速锤等,其中应用最广泛的是蒸汽-空气模锻锤,其结构如图4-10所示。

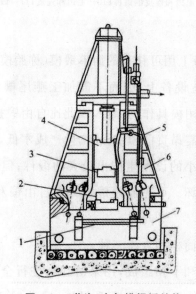

图 4-10　蒸汽-空气模锻锤结构

1—踏杆;2—下模;3—上模;4—锤头;5—操纵机构;6—机架;7—砧座

锤锻模由上下两半模块组成。为了保证上下模对准,模锻锤的锤头与导轨之间的间隙比较小。

锤上模锻的生产过程是:下料→加热→模锻→切边和校正→热处理→检验→成品。

锤上模锻的锻模过程如图4-11所示。上模和下模分别紧固在锤头和下模座上,上模与锤头一起作上下往复运动,上下模的接触面叫分模面。金属坯料经一次或几次打击在模膛内成形。

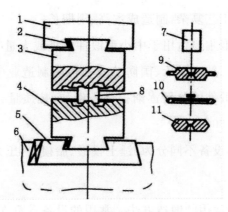

图 4-11　模锻过程示意图

1—锤头;2—楔铁;3—上模;4—下模;5—模座;6—砧铁;7—坯料;8—锻造中的坯料;

9—带毛边和连皮的锻件;10—毛边和连皮;11—锻件

2.胎模锻

胎模锻是在自由锻设备上用可移动的简单锻模(称胎模)生产模锻件的一种工艺方法。胎模不需固定在锻造设备上,因而不需加工燕尾槽等,结构简单,容易制造。胎模锻件在胎模内成型,利用模具作为保证,因此比自由锻操作简便,成型准确,节省材料,生产率高。胎模锻不需昂贵的模锻设备,生产成本低,工艺操作灵活,可以局部成型或分段成型,能够用较小的设备生产出较大的锻件;但是胎模锻锻件精度较低,工人劳动强度大,胎模易损坏。可见胎模锻是介于自由锻和模锻之间的一种工艺方法,在中、小工厂应用广泛。

胎模类型主要有扣模、筒模和合模三种。

(1)扣模。扣模由上扣和下扣组成,用来对坯料进行全部或局部扣形,常用来生产长杆等非回转体锻件,也可为合模锻造制坯,锻造时不需转动工件,如图 4-12 所示。

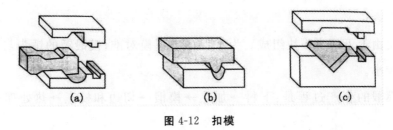

(a)　　　　　　(b)　　　　　　(c)

图 4-12　扣模

(2)筒模。筒模为圆筒形,主要用来锻造齿轮和法兰盘等回转体盘类锻件,也可用于生产非回转体类锻件。根据锻件的具体情况,可制成整体筒模、镶块筒模、带垫筒模和组合筒模等多种形式,如图 4-13 所示。

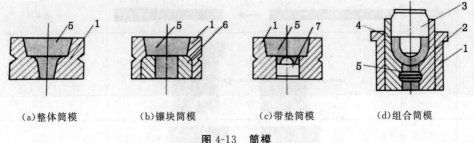

(a)整体筒模　　(b)镶块筒模　　(c)带垫筒模　　(d)组合筒模

图 4-13　筒模

1—筒模;2—右半模;3—冲头;4—左半模;5—锻件;6—镶块;7—模垫

(3)合模。合模通常由上模和下模两部分组成,为了使上、下模位置吻合以避免错位,经常采用导柱和导锁来定位。合模用来生产形状较复杂的非回转体锻件,其结构如图 4-14 所示。

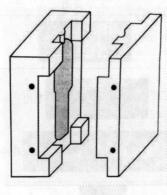

图 4-14　合模

3.压力机上模锻

锤上模锻具有工艺适应性广的特点,目前在锻压生产中有广泛的应用。但是,模锻锤在工作中存在震动和噪声大、劳动条件差、蒸汽效率低、能源消耗多等难以克服的缺点。因此近年来大吨位模锻锤有逐步被压力机所取代的趋势。用于模锻生产的压力机有摩擦压力机、曲柄压力机和平锻机等。

二、锻造典型零件实例

半轴(材质:42CrMo,锻重:36.6 kg)是拖拉机的常用典型零件,其锻造工艺流程见表 4-1。

曲轴是拖拉机发动机中的关键零件,6 缸曲轴模锻工艺流程见表 4-2。

表 4-1　半轴锻造加工工艺流程

工序号	工序名称	工序简图	设备
10	加热	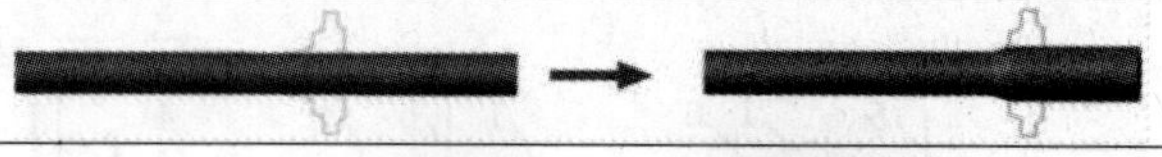	电炉
20	制坯	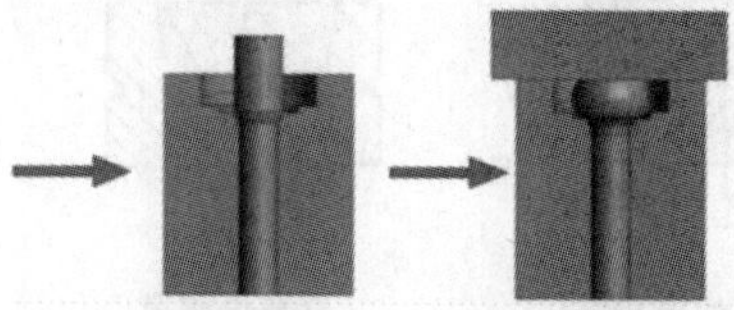	1 250t 平锻机
30	胎模锻	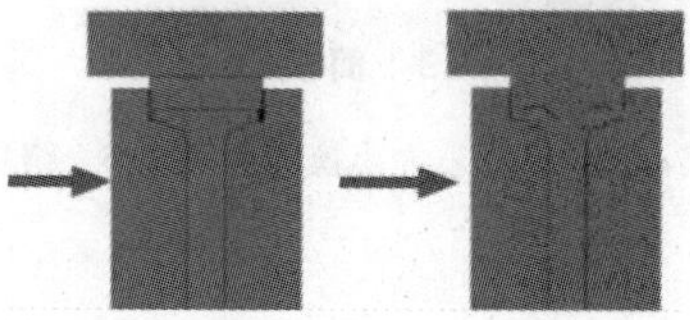	3t 自由锻锤

表 4-2　曲轴模锻加工工艺流程

工序号	工序名称	工序简图	设备
10	模锻	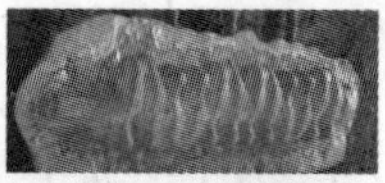	16t 模锻锤
20	切边	 毛边 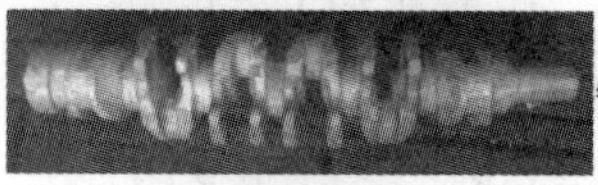锻件	1 250t 切边压床
30	扭曲	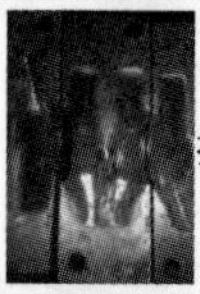 扭曲模	180t 扭曲机
40	热校正	 热校正模	3t 校正锤

第二节　冲　　压

　　冲压是在常温下利用冲模在压力机上对材料施加压力,使其产生分离或变形,从而获得一定形状、尺寸和性能的零件的加工方法。因冲压通常在室温下进行,故称为冷冲压,又因为主要是利用板料加工,所以又称为板料冲压。

冲压加工的基本原理是依据待加工材料的机械性能,在常温下借助压力机、冲压模的作用进行压力变形加工。图4-15为曲柄压力机冲压加工原理图。

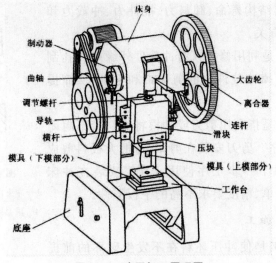

图4-15 冲压加工原理图

冲压加工时,冲模通过其模柄将上模部分固定在压力机的滑块上,下模则用压板固定在压力机的工作台上,当压力机的滑块沿其导轨作垂直于工作台表面的上下移动时,上模和下模就获得了相对运动,此时,将待加工的坯料置于下模的适当位置,便可通过压力机的运动,利用凸模与凹模之间的作用,冲压出各种各样的制件。不同的冲压加工工序其冲压变形过程也不同。

由于冲压加工的产品主要由模具保证,因此具有质量稳定、操作简便、生产效率高、易于实现机械化与自动化等优点。因此,冲压加工在汽车、机械、仪器仪表、电子及航空航天等行业得到广泛的应用。

板料冲压所用的原材料,特别是制造中空杯状和钩环状等成品时,通常是塑性较好的低碳非合金钢和低合金高强度结构钢、塑性高的合金钢以及铜合金、铝合金等薄板材和带材。

一、常用冲压方法

冲压件尽管外形、尺寸千差万别,但按其加工特性,冲压基本加工方法可分为分离类与塑性变形类两大类。

1.分离类加工

分离类加工是将板料的一部分相对于另一部分沿要求的轮廓线相互分离,并获得一定断面质量的冲压加工方法,主要包括冲裁、修整、切断等工序。

(1)冲裁。冲裁是冲孔及落料的通称。冲裁的应用十分广泛,可直接冲制成品零件,也可为其他成形工序制备坯料。

冲孔是指被分离的部分是废料,而剩下的为零件;落料是指被分离是零件,剩下的是废料,如图 4-16 所示。

冲裁件断口的质量主要与凸凹模间隙、刃口锋利程度有关,同时也受模具结构寿命、卸料力、推件力、冲裁力和冲裁件的尺寸精度有关。

（2）修整。修整是利用修整模沿冲裁件外缘或内孔刮削一薄层金属,以切掉冲裁件上的剪裂带和毛刺,从而提高尺寸精度的工序。

（3）切断。切断是指利用剪刀或冲模将板料沿不封闭轮廓进行分离的工序。剪刀安装在剪床上,把大板料剪成一定宽度的条料,供下一步工序使用。冲模安装在冲床上,用以制成形状简单、精度要求不高的平板零件。

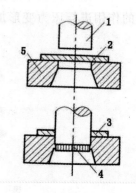

图 4-16　冲孔与落料

1—冲头；2—板料；3—废料或成品；

4—成品或废料；5—凹模

2. 塑性变形类加工

塑性变形类加工是使冲压坯料在不发生破坏的前提下发生塑性变形,以获得所需要的形状尺寸和精度的冲压加工方法,板料的一部分相对于另一部分产生位移而不破裂,如拉深、弯曲、翻边等。

（1）拉深。拉深是利用拉深模具使冲裁后得到的平板坯料或者浅的空心坯料变形形成开口空心件的方法,如图 4-17 所示。

拉深件最常见的缺陷是拉裂和起皱。拉深时应合理地设计凸凹模的圆角半径,合理地选择凸凹模的间隙值。另外对于拉深系数较大的零件,在多次拉深的过程中,为了消除加工硬化,坯料经过一两次拉深后,往往安排工序间进行再结晶退火,使以后的拉深得以顺利进行。

（2）弯曲。弯曲是将坯料、型材在弯矩作用下弯成一定的曲率和角度零件的成形方法,如图 4-18 所示。

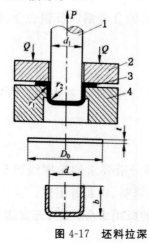

图 4-17　坯料拉深

1—凸模；2—压边圈；3—工件；4—凹模

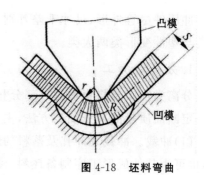

图 4-18　坯料弯曲

弯曲时弯曲程度受板料材料的最小相对弯曲半径的限制,应使板料在弯曲时不破裂。弯曲件的质量受弯曲后零件的回弹量的大小影响。在设计模具时,应使弯曲模的角度比弯曲件的角度小一个回弹角。

(3)翻边。翻边是指在坯料的平面或曲面部分上,使坯料沿一定的曲线翻成竖直边缘的冲压方法。常用的是针对圆孔的翻边。

二、冲压典型零件实例

某型号拖拉机的驾驶室车门的冲压工艺流程见 4-3。

表 4-3　驾驶室车门冲压加工工艺流程

工序号	工序名称	工序简图	设备
10	拉延		E4D600+400-MB 压力机
20	修边冲孔		E4S600-MB 压力机
30	翻边		E4S600-MB 压力机
40	手工冲孔及打磨		

第三节 本章小结

本章阐述了锻造的概念,介绍了自由锻与模锻两种工艺方法的常用设备与具体工艺环节,以半轴与曲轴作为案例进行相应工艺展示。同时阐述了冲压的概念与特点,介绍了分离工序与变形工序两种方法的具体工艺环节,以拖拉机车门作为案例进行了相应工艺展示。

在锻造方面,中国一拖拥有 12500T 热模锻生产线、5T/10T/13T/16T 电液锤生产线以及 3T-1250 联线生产线、6 条锻件生产线,这些设备位于铸锻有限公司锻压分厂。

在冲压方面,中国一拖拥有大型卷料开平生产线、大型压力机群组(12 条冲压生产线)、16T-2400T 压力机群等,这些设备位于福莱格车身有限公司。

1.锻造工艺过程包括哪些基本环节?

2.什么叫自由锻?自由锻有几种?目前常用的自由锻是哪种?

3.试比较自由锻造、锤上锻造、胎模锻造的优缺点。

4.冲压有哪些基本工序?

5.常用的冲压方法有哪些?

6.落料、冲孔有何异同?

第五章　焊　接

焊接是现代工业生产中广泛使用的一种金属连接的工艺方法,不同于螺钉、铆钉连接方法。与其他连接方法相比,焊接有以下特点:

(1)适用性广。焊接不但可以焊接型材,还可以将铸件、锻件焊成复合结构件,对于相同或不同种类的金属都可以焊接;另外,焊接件的结构可以是简单零件也可以是复杂结构。

(2)可以生产有密封性要求的构件。对于锅炉、高压容器、储油器、船体等重量轻、密封性好的零件,焊接是最好的加工方法。

(3)可节约金属。焊接时不需要辅助零件,因此比铆接可以节省 $10\%\sim20\%$ 的材料。

第一节　常用焊接方法

焊接方法的种类很多,各有其特点及应用范围。按焊接过程本质的不同,可分为熔化焊、压力焊、钎焊三大类。

一、熔化焊

熔化焊是利用局部加热的方法,把工件的焊接处加热到熔化状态,形成熔池,经过冷却结晶形成焊缝,而将两部分金属连接成一个整体。这种方法仅靠加热工件到熔化状态实现连接。

1. 焊条电弧焊

利用电弧作为热源,用手工操纵焊条进行焊接的方法称为焊条电弧焊,其焊接过程如图 5-1 所示。

焊条电弧焊设备简单、操作灵活,可焊接多种金属材料,室内外焊接效果相近,但对焊工操作水平要求较高,生产率较低。

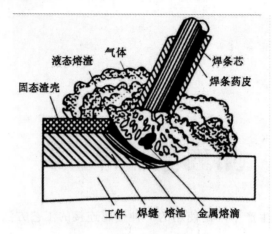

图 5-1 焊条电弧焊焊接过程

2.埋弧焊

埋弧焊是电弧在焊剂层下燃烧进行焊接的方法,电弧的引燃、焊丝的送进和电弧沿焊缝的移动都是设备自动完成的。

埋弧焊设备由焊车、控制箱和焊接电源三部分组成,小车式埋弧焊焊机由送丝机头、行走小车、控制盘(带有电流、电压表、焊速调节器和各种开关按钮)、焊丝盘和焊剂漏斗等组成。

3.气体保护电弧焊

气体保护电弧焊(简称气体保护焊)是用外加气体作为电弧介质并保护电弧和焊接区的电弧焊。按照保护气体不同,气体保护焊分为两类:使用惰性气体作为保护的惰性气体保护焊,包括氩弧焊、氦弧焊、混合气体保护焊等;使用 CO_2 气体作为保护的气体保护焊,简称 CO_2 焊,其焊接过程如图 5-2 所示。

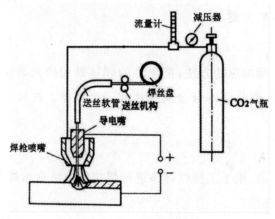

图 5-2 CO_2 焊焊接过程

4.电渣焊

电渣焊是利用电流通过液态熔渣所产生的电阻热熔化母材和填充金属进行焊接

的方法。

电渣焊的焊前工件装配要求如图 5-3 所示,焊接过程如图 5-4 所示。焊件与填充焊丝接电源两极,焊剂堆放在引弧板上。焊丝引燃电弧后熔化焊剂和母材,形成熔池和渣池。随着焊丝的熔入,熔池液面顶着渣池不断上升,离渣池远的熔池金属在成形板(铜滑块)冷却下凝固成焊缝。

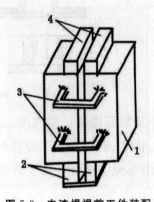

图 5-3　电渣焊焊前工件装配

1—工件;2—引弧板;3—门形板;4—引出板

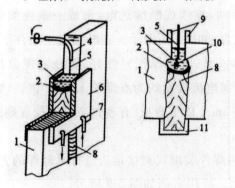

图 5-4　丝极电渣焊过程

1—工件;2—金属熔池;3—熔渣;4—导丝管;5—焊丝;6—强制成形装置;7—冷却水管

8—焊缝;9—引出管;10—金属熔滴;11—引弧板

二、压力焊

压力焊是将两构件的连接部分加热到塑性状态或表面局部熔化状态,同时施加压力使焊件连接起来的方法。

1. 电阻焊

电阻焊是将焊件组合后通过电极施加压力,利用电流通过接头的接触面及邻近区域产生的电阻热进行焊接的压焊方法。

按工件接头形式与电极形状不同,电阻焊分为点焊、缝焊和对焊三种。

(1)点焊。焊件装配成搭接接头,并压紧在两电极之间,利用电阻热熔化母材金属形成焊点的电阻焊方法称为点焊,如图 5-5 所示。典型的点焊接头形式如图 5-6 所示。

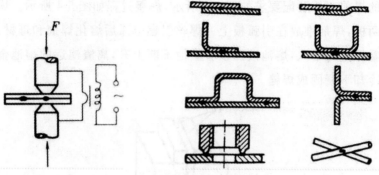

图 5-5　点焊示意图　　　　　图 5-6　典型点焊接头形式

点焊主要用于薄板冲压件及钢筋焊接。如汽车、飞机薄板外壳的焊接和装配,电子仪器、仪表、自行车等工业品都离不开点焊,钢结构框架的连接也可用点焊。通常点焊工件厚度范围是 $0.05\sim6$ mm。

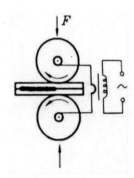

（2）缝焊。焊件装配成搭接接头并置于两滚轮电极之间,滚轮加压使焊件开始转动,连续或断续送电,形成一条连续焊缝的电阻焊方法称为缝焊,如图 5-7 所示。在断续送电条件下,焊缝焊点相互重叠至少 50%。缝焊密封性好,但分流现象严重,焊同一厚度工件,所需电流强度约为点焊的 $1.5\sim2$ 倍。

图 5-7　缝焊示意图

缝焊主要用于焊接 3mm 以下薄板、有密封要求的较规则焊缝,如油箱、小型容器和烟道等结构的产品。

（3）对焊。对焊是将焊件装配成对接接头进行电阻焊的方法,分电阻对焊和闪光对焊两种,如图 5-8 所示。应用实例如图 5-9 所示。

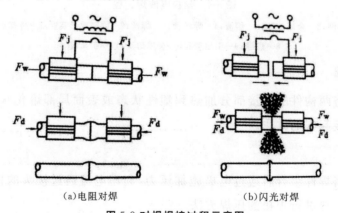

（a）电阻对焊　　　　　　　（b）闪光对焊

图 5-8 对焊焊接过程示意图

F_j—夹紧力；F_w—挤压力；F_d—顶锻压力

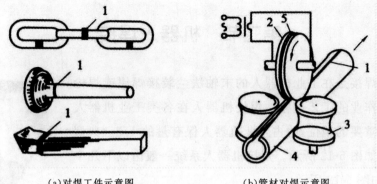

(a)对焊工件示意图　　　　　(b)管材对焊示意图

图 5-9　对焊应用实例

1—焊缝；2—滚盘；3—挤压滚；4—工件；5—绝缘层

2.摩擦焊

摩擦焊是将焊件连接表面相互压紧并使之按一定轨迹相对运动,利用连接表面上生成的摩擦热作为热源将焊件端面加热到塑性状态,然后迅速顶锻,完成焊接的一种压焊方法,其焊接过程如图 5-10 所示。

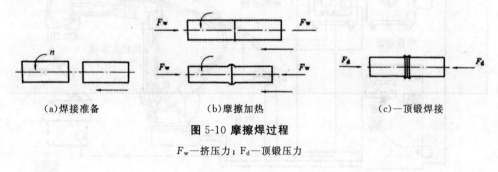

(a)焊接准备　　　　　　(b)摩擦加热　　　　　　(c)—顶锻焊接

图 5-10　摩擦焊过程

F_w—挤压力；F_d—顶锻压力

三、钎焊

采用比母材熔点低的金属材料做钎料,将焊件和钎料加热到高于钎料熔点、低于母材熔点的温度,利用液态钎料润湿母材,填充接头间隙并与母材相互扩散,从而实现连接焊件的方法称为钎焊。其焊接过程如图 5-11 所示。

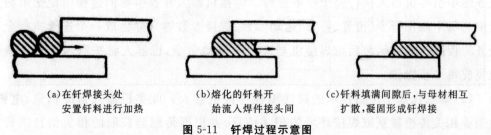

(a)在钎焊接头处　　　　　(b)熔化的钎料开　　　　　(c)钎料填满间隙后,与母材相互
　安置钎料进行加热　　　　　始流入焊件接头间　　　　　扩散,凝固形成钎焊接

图 5-11　钎焊过程示意图

第二节　机器人焊接

机器人焊接是在工业机器人的末轴法兰装接焊钳或焊枪来进行焊接作业的工艺过程。焊接机器人在各类工业机器人中占据非常重要的地位,约占工业机器人保有量的1/3。典型焊接机器人如图5-12所示。焊接机器人系统一般由以下几个部分组成,如图5-13所示。

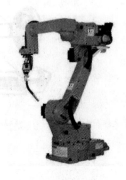

图 5-12　焊接机器人

(1)机器人系统,包括机器人本体、控制柜、示教器等。

(2)焊接系统,包括焊接电源、焊枪焊钳、送丝机构、供气机构等。

(3)焊接辅助系统,包括焊接变位移动装置、焊接工装夹具及扩展设备等。

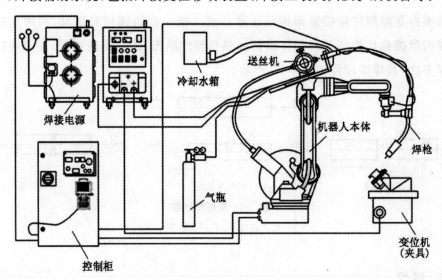

图 5-13　焊接机器人系统组成

从技术层次角度,焊接机器人可分为以下三代:

(1)第一代"示教再现"型焊接机器人。此类机器人由用户引导机器人,按照实际任务逐步引导机器人执行整个任务过程。焊接机器人在被引导的过程中记忆示教过程中的每个动作指令(位置、姿态、运动参数、焊接参数等),并生成一个连续执行全部任务的程序。完成示教后给焊接机器人一个启动命令,机器人将按照示教动作精确地完成每一步操作。

(2)第二代基于传感技术的离线编程焊接机器人。此类机器人借助视觉、电弧、力矩等相关传感器获取焊接环境的相关信息,并根据传感器获取的相关信息进行自身运行轨迹的优化,以改善示教再现型机器人对焊接环境的适应能力。

(3)第三代智能焊接机器人。智能焊接机器人是基于机器人焊接任务智能化规划技术、机器人焊接传感与动态过程智能化控制技术、焊接机器人系统用电源配套设备技术、焊接机器人运动轨迹控制技术、机器人焊接复杂系统的智能控制与优化管理技术、机器人遥控焊接技术等众多先进技术的具有自主决策和灵活运动的类人思维与动作的高级焊接机器人。

目前应用较多的焊接机器人仍然是第一代示教型机器人。

另外,从工艺方法角度,焊接机器人可分为点焊机器人、弧焊机器人、搅拌摩擦焊机器人、激光焊机器人、等离子焊机器人等;从结构形式角度,焊接机器人分为直角坐标型、圆柱坐标型、球坐标型、全关节型等;从受控运动方式角度,焊接机器人可分为点位控制型、连续轨迹控制型等;从驱动方式角度,焊接机器人可分为气压驱动、液压驱动、电气驱动等。

机器人焊接生产线,比较简单的是把多台工作站(单元)用工件输送线连接起来组成一条生产线。这种生产线仍然保持单站的特点,即每个站只能用选定的工件夹具及焊接机器人的程序来焊接预定的工件,在更改夹具及程序之前的一段时间内,这条线是不能焊其他工件的。

另一种是焊接柔性生产线(FMS-W)。柔性线也是由多个站组成,不同的是被焊工件都装卡在统一型式的托盘上,而托盘可以与线上任何一个站的变位机相配合并被自动卡紧。焊接机器人系统首先对托盘的编号或工件进行识别,自动调出焊接这种工件的程序进行焊接。这样每一个站无需作任何调整就可以焊接不同的工件。

第三节　本章小结

本章阐述了焊接的概念、特点及分类,介绍了电弧焊、埋弧焊、气体保护焊和电渣焊四种熔化焊方法;电阻焊、摩擦焊两种压力焊方法以及钎焊三大类焊接方法;机器人焊接的基本方法以及焊接机器人系统组成。

在焊接方面,中国一拖拥有三条拖拉机覆盖件焊装自动化生产线和八台套乘用车零部件机器人焊接工作站,这些设备位于福莱格车身有限公司。

思考题

1.试比较焊条电弧焊、埋弧自动焊、CO_2气体保护焊的特点及应用范围。

2.点焊、缝焊、对焊适用于什么场合?

3.常用的焊接接头的形式有哪些?

4.焊接机器人系统由哪几部分组成?

第六章 切削加工

第一节 车 削

一、车削概述

车削加工是在车床上利用工件相对于刀具的旋转和刀具的直线运动来改变毛坯件的形状和大小以加工出零件的切削加工方法。

车削加工过程中,主要的成形运动有主轴带动工件的旋转运动和刀具的进给运动。

二、车削加工的工艺特点

(1)车削加工易于保证工件的各个加工表面之间具有较高的位置精度。

(2)切削过程比较平稳。

(3)刀具相对简单。

(4)加工效率高。车削加工在一般情况下切削过程是连续的,主运动是连续的旋转运动,可以避免惯性力和冲击力的影响,所以车削允许采用较大的切削用量,进行高速切削或强力切削,因此使车削加工具有较高的加工效率。

(5)适于有色金属零件的精加工。

三、车削要素

1.加工表面

在切削加工过程中,工件上的切削层不断地被刀具切削,从而获得零件所需的新表面。在这一新表面形成过程中,工件上有 3 个不断变化着的表面:

(1)待加工表面:即将被切除材料层的表面;

(2)过渡表面:正在被切除材料层的表面;

(3)已加工表面:已经被切除材料层的表面。

工件的加工表面如图 6-1 所示。

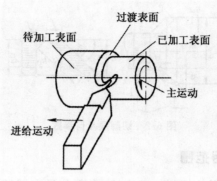

图 6-1 工件上的加工表面

2. 切削用量

切削速度、进给量和背吃刀量（切削深度）总称为切削用量。它表示切削时各个运动参数的大小，是调整机床运动的依据。

（1）切削速度 v。主运动（工件旋转运动）的线速度称为切削速度，它是指在单位时间内工件和刀具沿主运动方向相对移动的距离。车削的切削速度可表示为

$$v_c = \frac{\pi d n}{1000} (\text{m/min}) \tag{6-1}$$

式中，d 为工件的直径（mm），n 为工件的转速（r/min）。

（2）进给量 f。刀具在进给运动方向上相对工件的位移量称为进给量。车削加工的进给量一般用每转进给量 f 来表示。即主运动转一周，刀具与工件沿进给运动方向的相对位移，单位为 mm/r。

（3）背吃刀量 a_p。待加工表面与已加工表面的垂直距离称为背吃刀量。对于车外圆来说，其计算公式为：

$$a_p = \frac{d_w - d_m}{2} (\text{mm}) \tag{6-2}$$

式中，d_w 为工件待加工表面的直径（mm），d_m 为工件已加工表面的直径（mm）。

在切削用量三要素中，对刀具耐用度的影响程度不同，切削速度的影响最大，其次是进给量，最后是背吃刀量。

3. 切削层

切削层是指刀刃正在切削的金属层。切削层几何参数用来表示切削层的形状和尺寸，包括切削宽度、切削厚度和切削面积。通常规定切削层是指切削过程中，由刀具切削部分的一个单一动作（通常指工件转一周，或车刀主切削刃经过一段距离）所切除的工件材料层。切削层几何参数如图 6-2 所示。

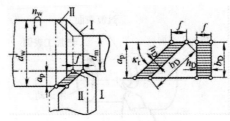

图 6-2 切削层几何参数

四、车削加工的应用范围

车削是最基本、最常用的切削加工方法,大部分具有回转表面的工件都可以用车削的方法加工,如车外圆、车端面、车槽、切断、钻中心孔、钻孔、车内孔、铰孔、车螺纹、车圆锥、滚花、盘绕弹簧等。车削的应用范围如图 6-3 所示。车削加工的尺寸精度一般可达 IT7~IT9,表面粗糙度值可达 $Ra1.6\sim6.3\mu m$。

车削可以加工钢、铸铁、有色金属和某些非金属材料,材料的硬度一般在 30HRC 以下。

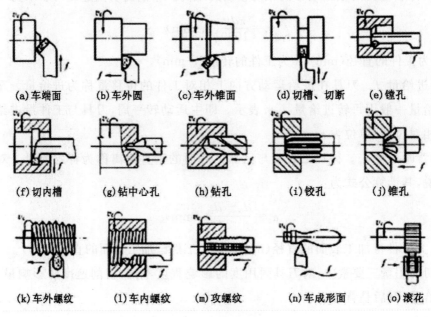

(a)车端面　　(b)车外圆　　(c)车外锥面　　(d)切槽、切断　　(e)镗孔

(f)切内槽　　(g)钻中心孔　　(h)钻孔　　(i)铰孔　　(j)锥孔

(k)车外螺纹　　(l)车内螺纹　　(m)攻螺纹　　(n)车成形面　　(o)滚花

图 6-3 车削加工范围

五、常用车床

车床的种类型号很多,按其用途、结构可分为卧式车床、单轴自动车床、多轴自动和半自动车床、转塔车床、立式车床、多刀半自动车床、仪表车床、专用车床、数控车床、车削加工中心等。

1.卧式车床

卧式车床是应用最广泛的一类车床,其外形结构如图 6-4 所示,其滑板和尾座如图 6-5 和图 6-6 所示。

图 6-4 卧式普通车床

1—挂轮箱;2—进给箱;3—主轴箱;4—卡盘;5—刀架;6—滑板;7—尾座

8—丝杠;9—光杠;10—床身;11—床腿;12—开合螺母;13—溜板箱;14—手轮

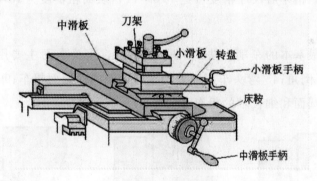

图 6-5 卧式车床滑板部分

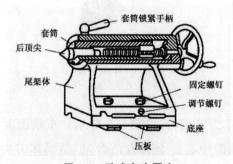

图 6-6 卧式车床尾座

2. 数控车床

数控车床主要由数控装置、床身、主轴箱、刀架进给系统、尾座、液压系统、冷却系统、润滑系统、排屑器等部分组成。数控车床分为卧式数控车床和立式数控车床两种类型,如图 6-7 所示。卧式数控车床用于轴向尺寸较长或小型盘类零件的车削加工。立式数控车床用于回转直径较大的盘类零件车削加工。

图 6-7　卧式数控车床和立式数控车床

六、车削方法

根据加工工艺要求,车削分为粗车、半精车和精车。粗车的目的是尽快切去毛坯件上大部分的加工余量,使工件接近形状和尺寸要求,粗车后,一般尺寸精度可达到 IT12～IT11,表面粗糙度为 $Ra12.5～6.3\mu m$。精车的目的是保证零件的尺寸精度和表面粗糙度要求。精车后尺寸精度可达 IT8～IT7,表面粗糙度为 $Ra1.6\mu m$。

1. 车削外圆

车削外圆是最基本的车削方法,如图 6-8 所示。直头车刀主要用于无台阶的外圆面的粗车,并可倒角;45°弯头车刀主要用于有台阶的外圆面粗车;90°车刀主要用于有直角台阶的外圆面和细长轴的粗车和精车。

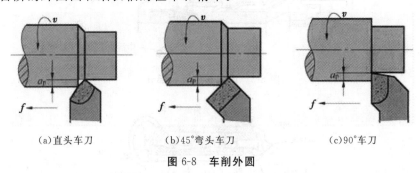

(a)直头车刀　　　　　　(b)45°弯头车刀　　　　　　(c)90°车刀

图 6-8　车削外圆

2. 车削端面

车削端面常用弯头车刀或偏刀,如图 6-9 所示。车端面时,车刀刀尖必须准确对准工件的中心,否则在端面中心处会留有凸台,极易崩坏刀尖。45°弯头车刀车端面时,中心的凸台是逐渐车掉的,不易损坏刀尖。右偏刀由外向中心车端面时,凸台是瞬间车掉的,容易损坏刀尖,因此在切近中心时应放慢进给速度。对于有孔的工件,车端面时常采用右偏刀由中心向外进给,以提高端面的加工质量。零件结构不允许用右偏刀时,可用左偏刀车端面。

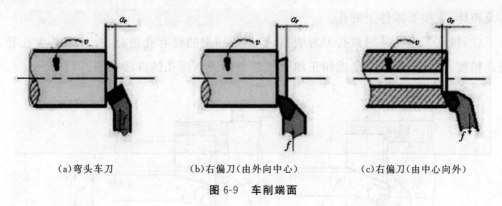

(a)弯头车刀　　　　(b)右偏刀(由外向中心)　　　　(c)右偏刀(由中心向外)

图 6-9　车削端面

3.车削台阶

车削台阶实际上是车外圆和端面的组合加工。车削台阶高度在 5mm 以下的低台阶,可在车外圆时同时车出。车削台阶高度大于 5mm 的高台阶时,外圆应分层切除,再对台阶面进行精车,如图 6-10 所示。

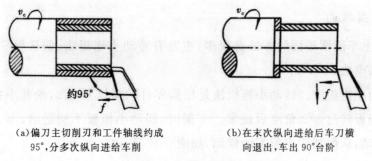

(a)偏刀主切削刃和工件轴线约成　　　(b)在末次纵向进给后车刀横　　95°,分多次纵向进给车削　　　　向退出,车出 90°台阶

图 6-10　车高台阶方法

4.孔加工

在车床上可以使用钻头、扩孔钻、铰刀、镗刀等刀具加工孔。

(1)钻孔、扩孔和铰孔。采用车床钻孔时,车床主轴带动工件旋转,钻头装在尾座套筒里,用手转动手轮使套筒带着钻头实现进给运动。在车床上钻孔,不需要划线,而且容易保证孔与外圆的同轴度及孔与端面的垂直度。钻孔前,应先将工件端面车平,便于钻头定心,防止钻头偏斜。钻孔一般用于孔的粗加工,加工精度可达 IT12～IT11,表面粗糙度为 $Ra25～6.3\mu m$。

扩孔是用扩孔钻或钻头对工件上已有的孔进行扩大的加工方法,属于孔的半精加工。一般单件低精度的孔,可直接用麻花钻进行扩孔;成批高精度的孔可用扩孔钻扩孔,扩孔钻的刚度好,进给量可较大。

铰孔是用铰刀对孔进行精加工,孔的加工质量稳定,加工精度可达 IT8～IT7,表面粗糙度为 $Ra1.6\sim0.8\mu m$。

在车床上进行孔加工适用于轴类、盘套类零件上中心位置的孔,不适用于大型零件及箱体、支架类零件上的孔。

(2)镗孔。镗孔是用镗孔刀对锻出、铸出或钻出的已有孔进行加工,以扩大孔径、提高精度、降低表面粗糙度或纠正原孔轴线偏斜等。镗孔的方法如图 6-11 所示。

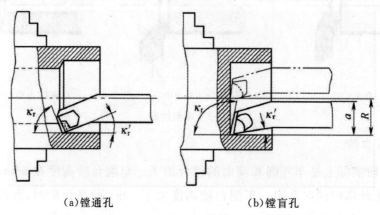

(a)镗通孔 　　　　　　　　　　(b)镗盲孔

图 6-11　车床镗孔

5.车削圆锥面

在车床上车削圆锥面的方法有很多,主要有转动小拖板法、偏移尾座法、成形车刀法、机械靠模法。

(1)转动小拖板法。转动小拖板法是根据零件的半锥角 $\alpha/2$,松开小拖板的紧固螺母,使小拖板转过 $\alpha/2$ 角度后锁紧。车削时,摇动小拖板手柄进给,车刀即沿着锥面的母线移动,从而加工出所需的锥面,如图 6-12 所示。

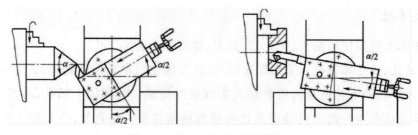

图 6-12　转动小拖板法车削锥面

(2)偏移尾座法。偏移尾座法是将尾座顶尖偏移一个距离 S,使工件回转轴线与主轴轴线成半锥角 $\alpha/2$,利用车刀的纵向进给,加工出所需锥面,如图 6-13 所示。

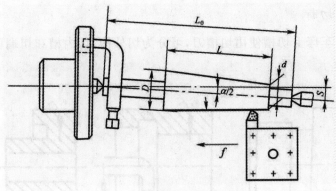

图 6-13　偏移尾座法车锥面

（3）成形车刀法。成形车刀法是指利用成形车刀的主切削刃横向运动直接车出圆锥面，如图 6-14 所示。该方法适用于加工长度较短的圆锥面，操作简便、生产率高。由于该方法切削时径向切削力大，易引起振动，所以要求车床和工件必须有较好的刚度。

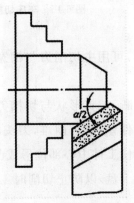

图 6-14　成形车刀法车锥面

（4）机械靠模法。机械靠模法是利用滑块沿固定在床身上的锥度靠模板的移动来控制车刀的运动轨迹，从而加工出所需的锥面，如图 6-15 所示。该方法适用于成批加工锥度较小、精度要求较高的圆锥面。

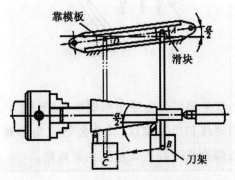

图 6-15　机械靠模法车削锥面

6. 切槽和切断

(1)切槽。车床上切槽使用切槽刀,可分为切外槽、切内槽和切端面槽,如图 6-16 所示。

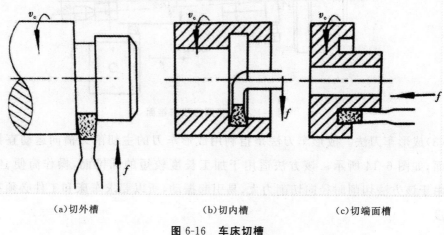

(a)切外槽   (b)切内槽   (c)切端面槽

图 6-16　车床切槽

切 5mm 以下的窄槽时,可用主切削刃与槽宽相等的切槽刀一次出;切宽槽时需要分几次横向进给。

(2)切断。切断使用切断刀,其形状与切槽刀类似,但是头部更窄长。切断时切断刀伸进工件内部,散热条件差,排屑困难,刀头容易折断。切断刀主切削刃必须对准工件的旋转中心,否则会使工件中心部位形成凸台,并易损坏刀头。工件一般用卡盘装夹,切断处应尽量靠近卡盘,以防止切削时工件振动,如图 6-17 所示。

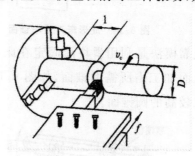

图 6-17　在卡盘上切断

7. 车削螺纹

螺纹的种类比较多,按牙形可分为三角形螺纹、梯形螺纹、矩形螺纹等,如图 6-18 所示;按标准可分为公制螺纹和英制螺纹,其中公制三角形螺纹应用最广,称为普通螺纹,其牙形角为 60°,用螺距或导程来表示其主要规格。

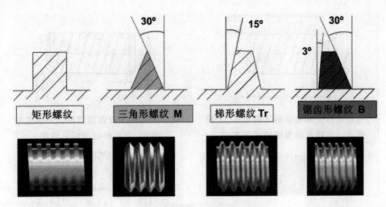

图 6-18　螺纹的类型

螺纹的加工方法有多种,主要有车削、铣削、攻螺纹和套螺纹等,但车削螺纹应用广泛。

车削螺纹使用螺纹车刀,一般用高速钢或硬质合金制造。螺纹牙形的精度要靠螺纹车刀的正确形状及其在车床上安装的正确位置来保证。为获得准确的螺纹牙形,螺纹车刀两刀刃的交角应等于被切螺纹的牙形角,螺纹车刀用样板安装,应保证刀尖与工件轴线等高,刀尖分角线与工件轴线垂直。

车削螺纹时,为了获得准确的螺距,必须由丝杠带动刀架进给,并且要保证工件转一周,刀具准确地纵向移动一个螺距。图 6-19 为车削螺纹传动简图。改变进给箱手柄的位置或更换交换齿轮,可以改变丝杠的转速,从而车削出不同螺距的螺纹。

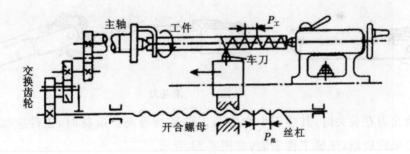

图 6-19　车螺纹传动简图

车削螺纹的方法和步骤如图 6-20 所示。

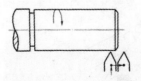 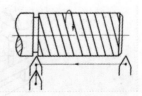

（a）启动主轴,使车刀与工件轻微接触,　　　（b）合上对开螺母,在工件表面车出
　　　记下刻度盘读数。向右退出车刀　　　　　　一条螺旋线。横向退出车刀,停车

图 6-20　车削螺纹的步骤

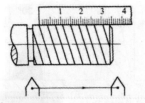

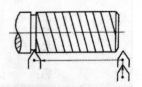

(c)主轴反转使车马退到工件右端,主轴
　　停止。用钢尺检查螺距是否正确

(d)利用刻度盘调整切深。启动主轴
　　切削,车钢料时加机油滑润

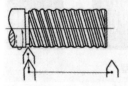

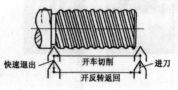

(e)车刀将至行程终了时,应做好退刀准备。
　　先快速退出车刀,并停止主轴,然后反转
　　主轴使车刀退回到起点位置

(f)再次横向切入,继续切削。

续图 6-20　车削螺纹的步骤

8.滚花

某些工具和机床零件的手柄部位,为了增加摩擦力和使零件表面美观,往往需要零件表面具有各种不同的花纹。这些花纹一般是在车床上用滚花刀挤压工件表面,使其产生塑性变形而形成的,这种方法称为滚花。

滚花刀一般有单轮、双轮和六轮三种。单轮滚花刀通常是滚压直花纹和斜花纹,双轮滚花刀和六轮滚花刀通常用于滚压网花纹,如图 6-21 所示。

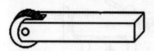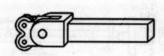

图 6-21　滚花刀

滚花刀在装夹时,其装刀中心应与工件轴线等高。滚花时,工件应以低速旋转,滚花刀横向进给,压紧工件表面,如图 6-22 所示。

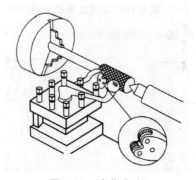

图 6-22　滚花方法

第二节 铣 削

一、铣削概述

在铣床上利用铣刀的旋转运动和零件的进给运动对零件进行切削加工的过程称为铣削加工。铣削加工主要用来加工平面、沟槽、台阶、成形表面、齿轮、切断和螺旋槽等,如图 6-23 所示。

在铣削加工过程中,主切削运动是刀具的旋转运动,通过铣床主轴带动铣刀杆上的铣刀进行旋转;辅助运动是工件的进给运动,工件装夹在铣床的工作台上,通过机械传动自动进给或操作者摇动手柄手动进给来完成进给运动。在铣床上可以实现纵向、横向和垂直三种形式的进给。

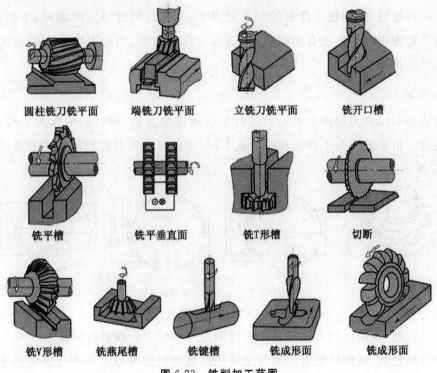

圆柱铣刀铣平面 端铣刀铣平面 立铣刀铣平面 铣开口槽

铣平槽 铣平垂直面 铣T形槽 切断

铣V形槽 铣燕尾槽 铣键槽 铣成形面 铣成形面

图 6-23 铣削加工范围

二、铣削方式

1. 周铣

周铣是利用铣刀外圆柱面上的刀刃进行切削的铣削方法,如图 6-24(a)所示。周铣包括逆铣和顺铣两种方式。铣刀旋转方向与工件的进给方向相反时,称为逆铣,如图 6-24(b)所示。铣刀的旋转方向与工件的进给方向相同时,称为顺铣,如图 6-24(c)所示。

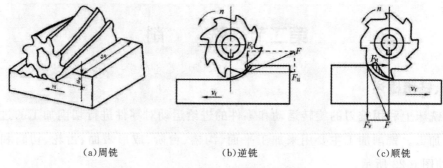

（a）周铣　　　　　　（b）逆铣　　　　　　（c）顺铣

图 6-24　周铣及周铣方式

逆铣时，铣刀作用在工件上的垂直分力 F_V 向上，有将工件向上抬起的趋势，对工件的夹紧不利，容易引起振动。作用在工件上水平分力 F_H 与进给方向相反，使得进给运动受到额外的阻力，加大了动力消耗。

顺铣时，铣刀作用在工件上的垂直分力为 F_V 向下，有利于工件的夹紧，减小了工件振动的可能性，作用在工件上的水平分力 F_H 与工件的进给方向相同，工作台进给丝杠与固定螺母之间一般有间隙，就会造成工作台窜动，切削厚度会突然增大，容易产生振动和损坏铣刀。

2. 端铣

端铣是利用铣刀端面上的刀刃进行切削的铣削方法，铣刀的轴线与工件的成形表面垂直。根据铣刀与工件的相对位置不同，端铣可分为对称铣削和不对称铣削，如图 6-25 所示。

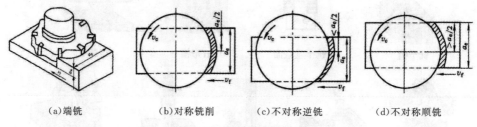

（a）端铣　　　　（b）对称铣削　　　　（c）不对称逆铣　　　　（d）不对称顺铣

图 6-25　端铣及端铣方式

对称铣削：铣削时铣刀轴线与工件铣削宽度对称中心线重合的铣削方式。

不对称铣削：铣削时铣刀轴线与工件铣削宽度对称中心线不重合的铣削方式；在不对称铣削时，若切入时的切削厚度小于切出时的切削厚度，称为不对称逆铣；若切入时切削厚度大于切出时的切削厚度，称为不对称顺铣。

三、铣床

铣床是铣削加工所用的设备，其种类很多，主要类型有卧式升降台铣床、立式升降台铣床、龙门铣床等。铣床的型号按照《金属切削机床型号编制方法》（GB/T15375—1994）编制，如 X6132，其中：X 表示机床类别为铣床；6 表示卧式；1 表示万能升降台；32 表示工作台宽度的 1/10，即工作台宽度为 320mm。

1. 卧式万能升降台铣床

卧式铣床的主轴水平布置，简称卧铣。最常用的是卧式万能升降台铣床，其主要组成部分如图 6-26 所示。

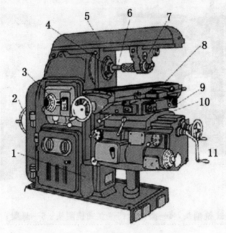

图 6-26 卧式万能升降台铣床

1—床身；2—主传动电动机；3—主轴变速机构；4—主轴；5—横梁；6—刀杆
7—吊架；8—纵向工作台；9—转台；10—横向工作台；11—升降台

2. 立式升降台铣床

立式升降台铣床的主轴是竖直安装的，简称立铣，如图 6-27 所示。它也是由床身、主轴、升降台、横向工作台及纵向工作台等几部分组成，其结构和功能与卧式铣床基本相同。

图 6-27 立式升降台铣床

3. 龙门铣床

龙门铣床是一种大型高效的通用机床，主要加工各类大型工件的平面、沟槽等，如图 6-28 所示。工作台 2 位于床身 1 上,两个立柱 7 固定在床身的两侧,横梁 8 可沿着立柱导轨上下移动,横梁上有立式铣头 5,可沿着横梁导轨水平移动。立柱下部安装有一个卧式铣头 3,可沿着立柱导轨上下移动。各铣头都可以沿着各自的轴线作轴向移动。铣削时,铣刀的旋转运动为主运动,工作台带动工件作直线进给运动。

图 6-28　龙门铣床

1—床身;2—工作台;3—卧式铣削头;4—操作盘;5—立式铣削头;6—悬梁;7—立柱;8—横梁;9—电控柜

四、铣削方法

1.铣削平面

铣削较大的平面时,通常采用端铣刀在立式铣床上进行,也可以在卧式铣床上铣侧平面,生产率高,加工质量好,如图 6-29 所示。

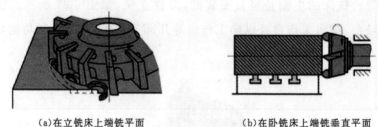

(a)在立铣床上端铣平面　　　　　　(b)在卧铣床上端铣垂直平面

图 6-29　端铣刀铣削平面

铣削较小的平面时,多采用螺旋齿的圆柱形铣刀在卧式铣床上进行,切削过程平稳,加工质量好,如图 6-30 所示。

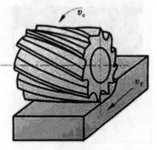

图 6-30　圆柱铣刀铣削平面

2. 铣削台阶

铣削台阶可采用三面刃盘铣刀在卧式铣床上进行,如图 6-31(a)所示;也可采用大直径的立铣刀在立式铣床上进行,如图 6-31(b)所示。大批量生产中一般采用组合铣刀在卧式铣床上同时铣削几个台阶,如图 6-31(c)所示。

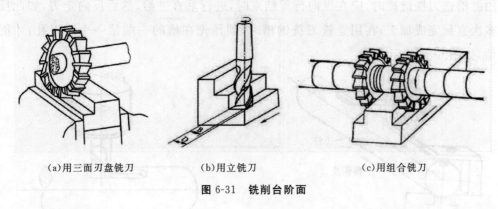

　(a)用三面刃盘铣刀　　　　　(b)用立铣刀　　　　　(c)用组合铣刀

图 6-31　铣削台阶面

3. 铣削斜面

铣削斜面可使用倾斜垫铁的方法,按斜面的斜度选取合适的倾斜垫铁,垫在工件的基准面下,就可以铣出与基准面成一定角度的倾斜表面。改变倾斜垫铁的角度,就可以加工不同斜度的斜面。该方法适用于大批量的倾斜表面加工,如图 6-32(a)所示。对于小型圆柱形工件的斜面铣削,可采用万能分度头将工件转到所需的位置铣出斜面。采用万能立铣头铣斜面也是常用的方法,万能立铣头能方便的改变刀轴在空间的位置,可使铣刀相对于工件倾斜一定角度来铣斜面,如图 6-32(b)所示。较小的斜面可以采用角度铣刀在立式铣床或卧式铣床上直接铣出,斜面的斜度由铣刀的角度保证,如图 6-32(c)所示。

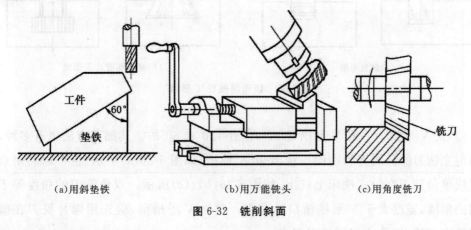

　(a)用斜垫铁　　　　　(b)用万能铣头　　　　　(c)用角度铣刀

图 6-32　铣削斜面

4. 铣削沟槽

利用不同的铣刀在铣床上可以加工键槽、T 形槽、燕尾槽、直角槽、V 形槽等多种沟槽。

(1)铣键槽。键槽有封闭式和开口式两种。铣开口式键槽,一般采用三面刃铣刀在卧式铣床上进行,如图 6-33 所示。

铣封闭式键槽,一般在立式铣床上进行;当批量较大时,常在键槽铣床上加工。采用键槽铣刀铣键槽时,应在纵向行程结束时,进行垂直进给,然后反向走刀,如此反复多次直到完成加工;在用立铣刀铣键槽时,须预先在槽的一端钻一个落刀孔,才能进给,如图 6-34 所示。

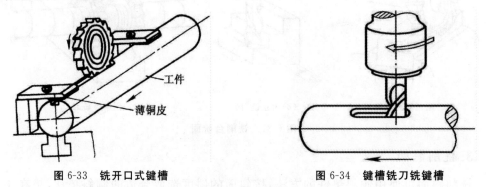

图 6-33　铣开口式键槽　　　　　　图 6-34　键槽铣刀铣键槽

(2)铣 T 形槽和燕尾槽。铣 T 形槽和燕尾槽应首先在立式铣床上用立铣刀或在卧式铣床上用三面刃盘铣刀铣出宽度合适的直角槽;然后在立式铣床上用 T 形槽铣刀或燕尾槽铣刀铣出底槽;最后用倒角铣刀进行槽口倒角,如图 6-35 所示。

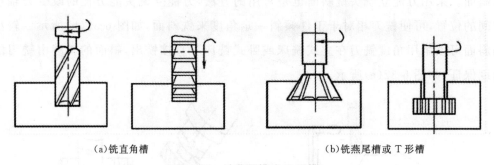

(a)铣直角槽　　　　　　　　　(b)铣燕尾槽或 T 形槽

图 6-35　铣燕尾槽或 T 形槽

(3)铣 V 形槽。一般 V 形槽是 90°,也有 120°和 60°的。其加工方法也有多种,可以利用立铣刀的圆周刃和端面刃铣出 90°V 形槽,如图 6-36(a)所示;也可以利用双角铣刀或单角铣刀在卧式铣床上铣出,如图 6-36(b)、(c)所示。双角铣刀的角度等于 V 形槽的角度,宽度大于 V 形槽槽口的宽度。在铣 V 形槽前,应先用锯片铣刀在槽的中间铣出窄槽,以防止损坏铣刀刀尖。

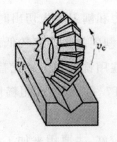
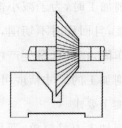

(a)立铣刀铣 V 形槽　　　(b)双角铣刀铣 V 形槽　　　(c)单角铣刀铣 V 形槽

图 6-36　铣 V 形槽

5.铣成形面

铣成形面通常采用盘状成形铣刀在卧式铣床上进行,如图 6-37 所示。

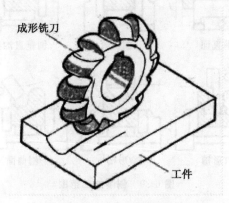

图 6-37　成形铣刀加工成形面

第三节　刨　削

一、刨削概述

刨削加工是在刨床上利用往复运动的刀具对固定在工作台上的工件进行切削加工的方法。刨削的主运动和进给运动都是直线运动。

刨削用量如图 6-38 所示。

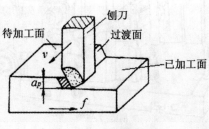

图 6-38　刨削用量

刨削加工时,为了减小惯性力和刨刀切入切出时的冲击和振动,一般采用较低的切削速度,且回程时不切削,因此刨削的生产率较低。因而主要用于单件小批量生产及机修车间,在大批量生产中往往用铣削加工来代替。

刨削加工的尺寸精度可达 IT7~IT9,表面粗糙度为 Ra1.6~6.3μm,可满足一般工件的加工要求。

刨削加工刀具简单,通用性较好,主要用来加工水平面、垂直面、斜面、台阶、T 形槽、燕尾槽、直角槽等,如图 6-39 所示。

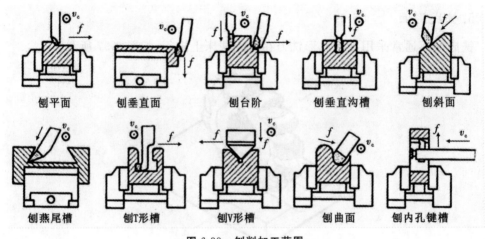

刨平面　　刨垂直面　　刨台阶　　刨垂直沟槽　　刨斜面

刨燕尾槽　　刨T形槽　　刨V形槽　　刨曲面　　刨内孔键槽

图 6-39　刨削加工范围

二、刨床

常用的刨床种类有牛头刨床、龙门刨床和插床等。

1. 牛头刨床

牛头刨床因滑枕和刀架形似牛头而得名,其主要组成如图 6-40 所示。

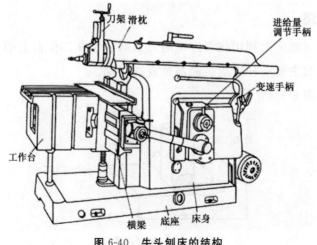

刀架 滑枕　　进给量调节手柄　　变速手柄　　工作台　　横梁　底座　床身

图 6-40　牛头刨床的结构

床身用来支承刨床的各个部件,床身内部装有传动机构。床身顶面装有燕尾形导轨,供滑枕作往复运动;垂直面也装有导轨,供横梁上下移动。滑枕主要用来带动刨刀作往复直线运动,其前端有刀架,刀架可在垂直面内回转一个角度,并可手动进给。工作台用来装夹工件,它带动工件沿横梁导轨作间歇的横向进给运动,它也可以随横梁上下移动,以适应工件的不同高度。

牛头刨床的特点是调整方便,其主参数是最大刨削长度,适用于刨削长度不超过1 000mm的中小型工件。

2.龙门刨床

龙门刨床因为有一个由顶梁和立柱组成的龙门式框架结构而得名。龙门刨床刨削时,主运动是工作台带着工件作直线往复运动,进给运动是刀架的间歇移动。

龙门刨床如图6-41所示。工作台带动工件沿床身导轨作纵向往复运动,安装在横梁上的两个垂直刀架作横向进给运动,刨削水平面;安装在立柱上的两个侧刀架作垂直进给运动,刨削垂直面。每个刀架上的滑板都能绕水平轴线转动一定角度,用来刨削斜面。横梁可沿着立柱导轨升降,以适应工件的不同高度。

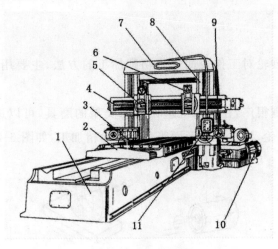

图 6-41　龙门刨床

1—床身；2—工作台；3,11—两侧刀架；4—横梁；

5,6—两垂直刀架；7—顶梁；8—立柱；9—进给箱；10—驱动机构

3.插床

插床实际上是一种立式刨床,在结构原理上与牛头刨床同属一类,如图6-42所示。插床与刨床一样,也是使用单刃刀具来切削工件。插床的主运动是插刀随滑枕在垂直方向上的直线往复运动,进给运动是工件沿纵向、横向及圆周三个方向分别所作的间歇运动。圆工作台可进行圆周分度。插削斜面时,可将滑枕倾斜一定角度。

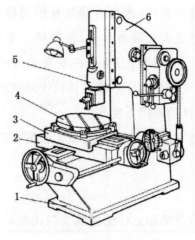

图 6-42 插床

1—底座；2—下滑座；3—上滑座；4—圆工作台；5—滑枕；6—立柱

第四节 磨　削

一、磨削概述

磨削加工是用砂轮对工件表面进行切削加工的方法，主要用于零件精加工和超精加工。

磨削的加工范围很广，在磨床上应用各种类型的磨具，可以进行内外圆柱面、平面、螺旋面、花键、齿轮、导轨和成形面等各种表面精加工，如图 6-43 所示。

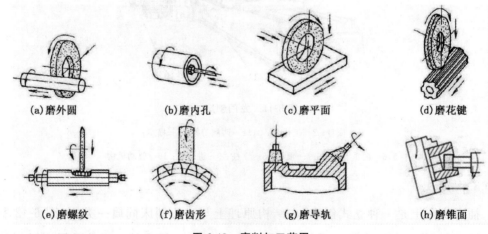

| (a)磨外圆 | (b)磨内孔 | (c)磨平面 | (d)磨花键 |
| (e)磨螺纹 | (f)磨齿形 | (g)磨导轨 | (h)磨锥面 |

图 6-43　磨削加工范围

磨削除了能够加工普通材料的工件外，还能加工一般刀具难以切削的高硬度材料，如淬火钢、硬质合金等。但是磨削加工不适合加工铝、铜等非铁金属材料和较软的材料。

二、磨床

1. 万能外圆磨床

万能外圆磨床型号的含义如下：例如 M1420，其中 M 表示机床类别为磨床；14 表示机床组别为万能外圆磨床；20 表示最大磨削直径的 1/10。

万能外圆磨床的组成如图 6-44 所示。

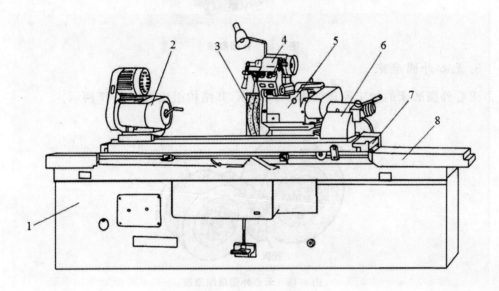

图 6-44　万能外圆磨床

1—床身；2—头架；3—砂轮；4—内圆磨头；5—砂轮架；6—尾座；7—上工作台；8—下工作台

万能外圆磨床可以磨削内、外圆柱面及锥度较大的内、外圆锥面，最适用于工具、机修车间或单件小批量生产。

2. 普通外圆磨床

普通外圆磨床与万能外圆磨床的总体结构相似，二者的主要区别在于，普通外圆磨床的头架和砂轮架均不能绕其轴线在水面内转动，头架主轴也不能转动，没有内圆磨头，如图 6-45 所示。工艺范围较窄，只能磨削外圆柱面和锥度较小的外圆锥面。但是普通外圆磨床的主要部件结构层次少、刚性好、可采用较大的磨削用量，因此生产率较高，也易于保证磨削质量。

图 6-45　外圆磨床

3.无心外圆磨床

无心外圆磨床的加工原理如图 6-46 所示,其结构组成如图 6-47 所示。

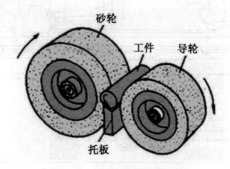

图 6-46　无心外圆磨削原理

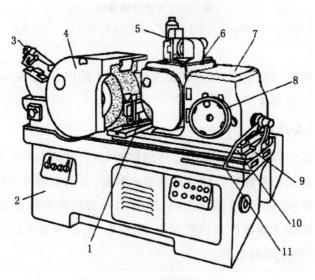

图 6-47　无心外圆磨床的结构

1—工件座架;2—床身;3—砂轮修整器;4—砂轮架;5—导轮修整器;6—转动体

7—座架;8—微量进给手轮;9—回转底座;10—滑板;11—快速进给手轮

床身上部装有砂轮架和导轮架座,床身内部装有砂轮的电动机和传动系统。砂轮架装在床身的左上部,固定不动。

无心外圆磨床磨削工件时,被磨削的加工面即为定位面,工件不需要打中心孔,也不需要用夹头装夹,而是放在砂轮和导轮之间,用托板支撑。工件轴线略高于导轮轴线。磨削时,砂轮和导轮均顺时针旋转。由于导轮材料的摩擦系数大,所以工件在摩擦力的带动下,随着导轮一起以相同的低转速转动,并由高速旋转的砂轮进行磨削。

无心外圆磨床适合于一些刚性较差的细长工件的磨削,由于有导轮和托板沿全长支撑工件,可以采用较大的切削用量进行磨削,故生产率高,适用于成批及大量生产。

4. 普通内圆磨床

内圆磨床主要用于磨削内圆柱面、内圆锥面及端面。内圆磨床如图 6-48 所示,主要由床身、工作台、头架、磨具架、砂轮修整器等组成。

图 6-48　普通内圆磨床

砂轮架安装在床身上,它可以作横向移动,使砂轮实现横向进给运动;工件头架安装在工作台上,工作台可沿床身上的纵向导轨往复直线运动,带动工件作纵向进给运动。工件头架可在水平面内旋转一定角度,以便磨削圆锥面。磨削时,砂轮由单独电机带动高速旋转,工件装夹在卡盘上,由工件头架内的电机带动旋转,砂轮和工件的旋转方向相反。

5. 平面磨床

平面磨床主要用于磨削平面,可分为卧轴矩台式和立轴圆台式,如图 6-49 所示。

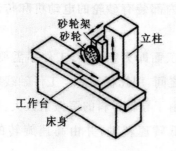

(a)卧轴矩台平面磨床　　　　　　　　(b)立轴圆台平面磨床

图 6-49　平面磨床的分类

卧轴矩台式平面磨床如图 6-50 所示,床身 1 上面有 V 形导轨,床身前面装有液压操纵箱 9 和电器按钮板 8。工作台 2 安装在床身的 V 形导轨上,工件可吸附于电磁工作台或直接固定在工作台上,工作台由液压无级驱动作纵向往复直线运动。立柱 5 前部有两条矩形导轨,中间装有丝杠,使滑板 4 沿矩形导轨作垂直移动。滑板 4 上还有一组水平燕尾导轨,使磨头 3 沿水平导轨作横向移动。

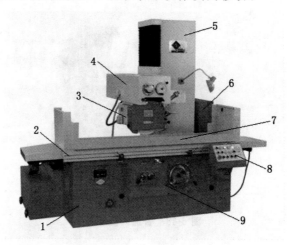

图 6-50　卧轴矩台平面磨床

1—床身;2—工作台;3—磨头;4—滑板;5—立柱;6—电气箱;7—电磁吸盘;8—电器按钮板;9—液压操纵箱

三、磨削工具

磨削工具是指用磨料制成的磨具。磨具按照磨料的结合形式可分为固结磨具、涂覆磨具、研磨膏。根据不同的使用方式,固结磨具可制成砂轮、磨石、砂瓦、磨头和抛磨块等;涂覆磨具可制成砂布、砂纸和砂带等。其中,在磨削加工中用的最多的是砂轮。砂轮是由许多细小而且极其坚硬的磨粒用结合剂黏结而成的疏松多孔的物体。这些锋利的磨粒就像铣刀的刀刃一样,在砂轮的高速旋转下切入工件,切下粉末状的切屑,因此磨削实质上是一种多刀、多刃的超高速切削过程。常用砂轮形状及代号见表6-1。

表 6-1　常用砂轮的形状

代号	名称	断面形状	代号	名称	断面形状
1	平行砂轮	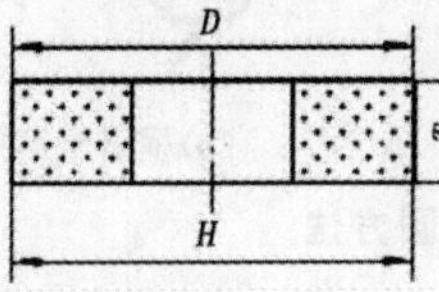	6	杯型砂轮	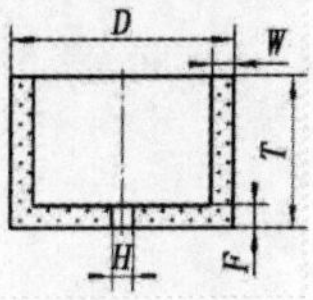
2	筒型砂轮	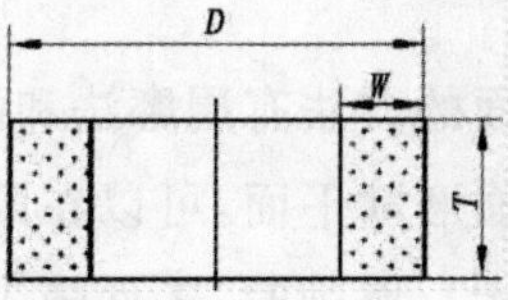	7	双面凹一号砂轮	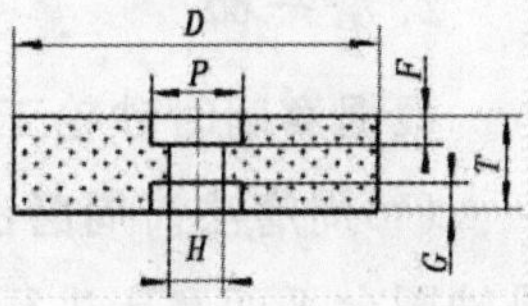
3	单斜边砂轮	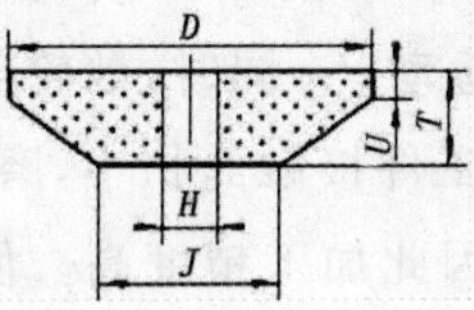	11	碗型砂轮	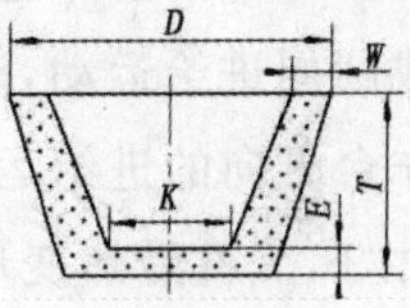
4	双斜边砂轮	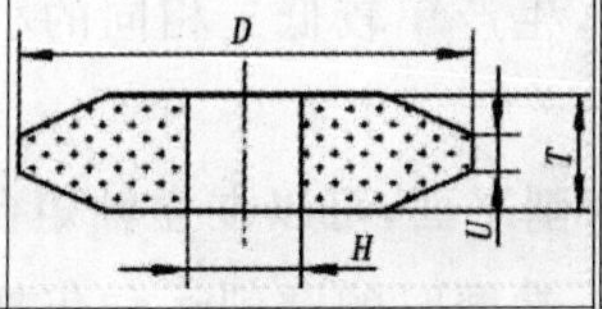	12a	梯形砂轮	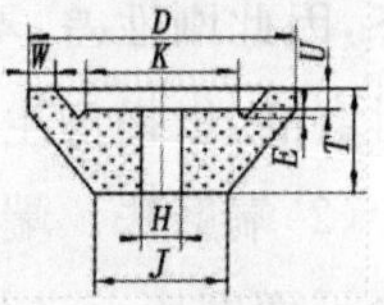
5	单面凹砂轮	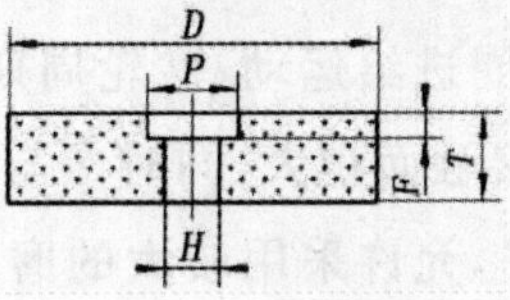	27	钹行砂轮	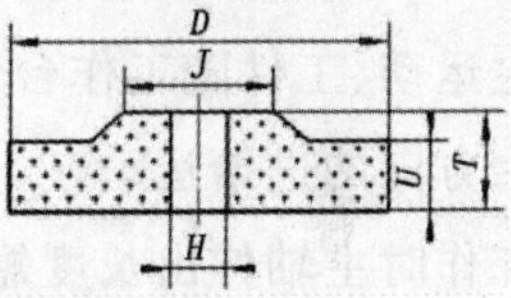

四、磨削方法

1.磨外圆

在外圆磨床上磨外圆的方法有纵磨法和横磨法。

(1)纵磨法。纵磨法如图6-51(a)所示。磨削时,砂轮高速旋转为主运动,工件低速旋转进行圆周进给运动,同时,工件还在工作台的带动下往复运动进行纵向进给运动,砂轮向工件作横向进给运动。磨削余量在多次往复行程中磨去。在磨削的最后阶段,要做几次无横向进给的光磨行程进行精磨。

(2)横磨法。横磨法如图6-51(b)所示。磨削时,砂轮高速旋转为主运动,工件低速旋转进行圆周进给运动,砂轮以很慢的速度作连续的横向进给运动,直到磨去全部磨削余量。工件没有进行纵向进给运动。

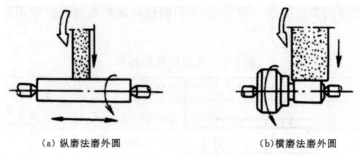

（a）纵磨法磨外圆　　　　　　　　（b）横磨法磨外圆

图 6-51　磨削外圆方法

2. 磨平面

根据磨削时砂轮工作表面的不同，磨平面的方法有周磨法和端磨法。

（1）周磨法。周磨法是利用砂轮的圆周面磨削平面，可以在卧轴矩台平面磨床和卧轴圆台平面磨床进行，如图 6-52（a）（b）所示。磨削时，工件随工作台作往复直线运动或圆周进给运动，砂轮沿轴线作纵向进给运动 f_a，同时，砂轮还需周期地作垂直于工作台方向的进给运动 f_r。周磨时，砂轮与工件接触面积小，磨削力小，排屑及冷却条件好，工件受热变形小，且砂轮磨损均匀，因此加工精度高。但是砂轮主轴呈悬臂状态，因此刚性差，不能采用大的磨削用量，生产率较低。相同的小型零件可以多件同时磨削，以提高生产率。

（2）端磨法。端磨法是用砂轮的端面磨削平面，可以在立轴矩台平面磨床和立轴圆台平面磨床上进行，图 6-52（c）（d）所示。端磨时的磨削运动包括砂轮的高速旋转主运动、工件随工作台作往复直线运动或圆周进给运动、砂轮周期性地作垂直于工作台方向的进给运动 f_r。端磨时砂轮与工件接触面积大，同时参与磨削的磨粒多，磨床工作时主轴伸出长度短，承受压力，刚性较好，允许采用较大的磨削用量，故生产效率高。但是磨削力大，发热量多，冷却散热条件差，排屑不畅，工件热变形大，砂轮端面上各点线速度不同，砂轮磨损不均，所以加工精度较低。一般用于粗磨或半精磨，代替铣削或刨削作为精加工前的预加工。

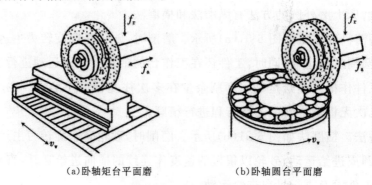

（a）卧轴矩台平面磨　　　　　　　　（b）卧轴圆台平面磨

图 6-52　平面磨削方法

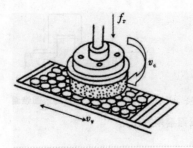

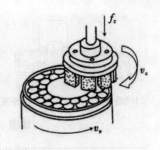

(c)立轴矩台平面磨　　　　　　(d)立轴圆台平面磨

续图 6-52　平面磨削方法

3.磨内圆

用砂轮磨削内孔的磨削方式称为内圆磨削,主要采用直径较小的砂轮加工圆柱通孔、圆锥孔、成形内孔、盲孔、孔端面等。内圆磨削可以在内圆磨床和万能外圆磨床上进行。内圆磨削可以分为纵磨法和横磨法两种方式,如图 6-53 所示。

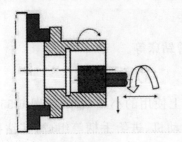
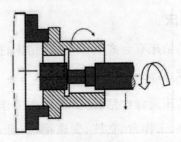

(a)纵磨法磨内孔　　　　　　　(b)横磨法磨内孔

图 6-53　内孔磨削方法

纵磨法磨削时,工件装夹在卡盘上旋转作圆周进给运动,而砂轮要同时作高速旋转主运动、沿轴线的纵向进给运动 f_a、沿径向的周期性进给运动 f_r。

横磨法磨削是砂轮的宽度超过工件的轴向尺寸,砂轮作高速旋转主运动和径向进给运动 f_r,一次磨削完成,生产率高。

4.磨圆锥面

磨圆锥面与磨外圆、磨内圆的主要区别是工件和砂轮的相对位置不同。磨圆锥面时,工件轴线与砂轮轴线之间要成一定角度。常用转动头架或上工作台的方法磨圆锥面,如图 6-54 所示。

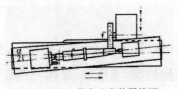
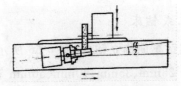

(a)扳转上工作台法磨外圆锥面　　　　　(b)扳转工件头架法磨外圆锥面

图 6-54　圆锥面磨削方法

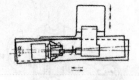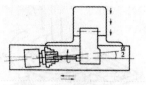

(c)扳转上工作台法磨内圆锥面　　　(d)扳转工件头架法磨内圆锥面

续图 6-54　圆锥面磨削方法

第五节　钻　　削

钻削加工是用麻花钻、扩孔钻、铰刀等孔加工刀具在钻床上加工零件孔的方法，其操作简便，适应性强，应用很广。在钻削加工时，刀具与工件作相对旋转运动和轴向进给运动。

一、钻床

常用的钻床有台式钻床、立式钻床、摇臂钻床等。

1. 台式钻床

台式钻床简称台钻，是一种放在工作台上使用的小型钻床，如图 6-55 所示，台钻主要由底座、工作台、立柱、变速箱、主轴、电动机、进给手柄等组成，其钻孔直径一般在 Φ13mm 以下，主要用于加工小型零件上的小直径孔。

图 6-55　台式钻床

2. 立式钻床

立式钻车简称立钻，如图 6-56 所示。其规格以最大钻孔直径来表示，常用的立钻规格有 25mm、35mm、40mm、50mm 等。立钻由机座、工作台、立柱、主轴、变速箱和进给箱等组成。工作台和进给箱可沿立柱的导轨上下调整，主轴的轴向进给可自动进给，也可手动进给。立钻可以用于钻孔、扩孔、锪孔、铰孔、攻螺纹等。

图 6-56　立式钻床

图 6-57　摇臂钻床

3. 摇臂钻床

摇臂钻床有一个摇臂,能绕立柱 360°旋转,也能沿立柱上下移动,如图 6-57 所示。摇臂上装有主轴箱,能在摇臂上作横向移动。因此操作时可以方便地将刀具调整到所需的位置对工件进行加工。摇臂钻床适用于加工笨重的大工件以及多孔的工件。

二、孔加工方法

1. 钻孔

在实心工件上加工出孔的方法称为钻孔,钻孔所用的工具为钻头。钻孔时,工件固定,钻头装夹在钻床主轴上旋转,称为主运动;钻头同时沿轴线方向运动,称为进给运动。

钻头有麻花钻、中心钻、扁钻、深孔钻,其中以麻花钻应用最为广泛。麻花钻由工作部分(包括切削部分和导向部分)、颈部和柄部组成,如图 6-58 所示。

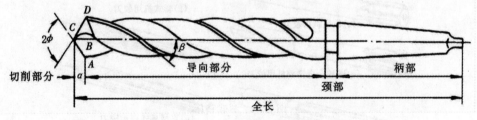

图 6-58　标准麻花钻结构

钻孔前要按照孔的位置尺寸要求,划出孔位的十字中心线,并打上中心冲眼,按孔的大小划出孔的圆周线,对于较大的孔,还应划出几个大小不等的检查圆。

2. 扩孔

扩孔是将已铸出、锻出或钻出的孔扩大的加工方法,扩孔所用的工具为扩孔钻,如图 6-59 所示。

图 6-59 扩孔钻

扩孔钻的形状和麻花钻相似,但前端为平面,有三四条切削刃,无横刃,螺旋槽较浅,钻芯粗大,刚性好,不易弯曲,导向性好,切削稳定,扩孔可以适当的校正孔轴线的偏斜,因此扩孔的精度高,表面粗糙度值小。其尺寸精度可达 IT9～IT10,表面粗糙度为 $Ra\ 3.2～14.3\mu m$。

扩孔属于半精加工,可作为铰孔、磨孔前的准备工序,对于精度要求不高的孔,可作为孔加工的最后工序。

3. 铰孔

铰孔是用铰刀从已有孔的孔壁上切除微量金属层,以提高孔的尺寸精度和表面质量的加工方法。钻孔或扩孔后,常用铰刀对孔进行精加工。

铰刀有 6～12 个切削刃,导向性好,容屑槽较浅,横截面积大,刚性好,铰削余量小,切削力较小,铰削速度低,工作更平稳,因此可以较好地修光孔壁和校准孔径,获得较高的加工质量,铰刀如图 6-60 所示。铰孔后的尺寸精度一般可达到 IT6～IT7,表面粗糙度 Ra 值可达到 $0.8\mu m$。

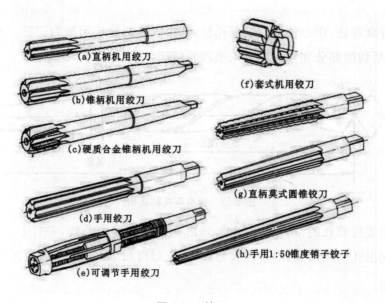

(a)直柄机用铰刀
(b)锥柄机用铰刀
(c)硬质合金锥柄机用铰刀
(d)手用铰刀
(e)可调节手用铰刀
(f)套式机用铰刀
(g)直柄莫式圆锥铰刀
(h)手用1:50锥度销子铰子

图 6-60 铰刀

4. 锪孔

锪孔是指在已加工的孔上加工圆柱形沉头孔、锥形沉头孔和凸台端面等,目的是为了保证孔口型面与孔中心线的垂直度,以便与孔连接的零件位置正确,连接可靠,如图 6-61 所示。锪孔用的刀具称为锪钻,常用的是圆柱形埋头锪钻、锥形锪钻和端面锪钻。

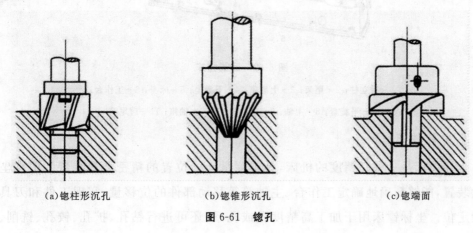

(a)锪柱形沉孔　　　　　(b)锪锥形沉孔　　　　　(c)锪端面

图 6-61　锪孔

第六节　镗　　削

镗削是用镗刀在镗床上对工件上已有的孔进行加工的方法。镗孔是孔的精加工方法之一,主要用来加工不同平面上的孔系或复杂零件上的孔。镗孔的尺寸精度可达 IT9～IT5,表面粗糙度 Ra 值可达到 $6.3～0.16\mu m$。并且对于 100mm 以上的孔,镗孔是唯一的高效率加工方法。

一、镗床

镗床主要有卧式镗床、坐标镗床和金刚镗床等。

1. 卧式镗床

卧式镗床如图 6-62 所示,由床身、立柱、主轴箱、尾架和工作台等组成。主轴箱可沿前立柱上的导轨上下移动,镗刀安装在主轴上或平旋盘上,随主轴作旋转主运动及轴向进给运动。安装工件的工作台可以实现纵向和横向进给运动,有的镗床工作台还能旋转一定角度。当镗杆较长时,可用后立柱上的尾架来支承其一端,以增加刚度。主轴箱在沿前立柱上下移动时,尾架上镗杆支承架也随主轴箱同时上下移动,尾架还可以随后立柱沿床身导轨水平移动。

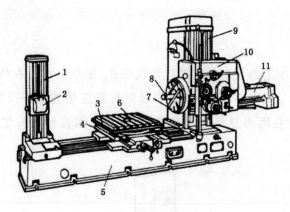

图 6-62　卧式镗床

1—后立柱；2—尾架；3—上滑座；4—下滑坐；5—床身；6—工作台；

7—平旋盘；8—主轴；9—前立柱；10—主轴箱；11—后尾筒

2.坐标镗床

坐标镗床是一种高精度的机床,具有测量坐标位置的精密测量装置。依靠坐标测量装置,能够精确地确定工作台、主轴箱等移动部件的位移量,实现工件和刀具的精确定位。坐标镗床用于加工高精度孔或孔系,还可进行钻孔、扩孔、铰孔、铣削、精密刻线和精密划线等工作,也可作孔距和轮廓尺寸的精密测量。坐标镗床有立式和卧式两种类型,立式坐标镗床又分单柱坐标镗床和双柱坐标镗床,如图6-63所示。

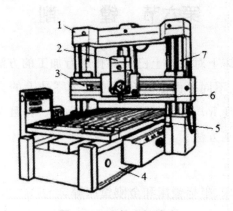

图 6-63　双柱坐标镗床

1—顶梁；2—主轴箱；3—横梁；4—床身；5—工作台；6—主轴；7—立柱

3.金刚镗床

金刚镗床是一种高速精密镗床。因初期采用金刚石镗刀而得名,现在已广泛使用硬质合金刀具。这种镗床的工作特点是进给量很小,切削速度很高(600～800m/min),可以获得很高的加工精度和表面质量。

金刚镗床的种类很多,按布局形式可分为单面、双面和多面等;按主轴的配置可分为卧式、立式和倾斜式等;按主轴数量可分为单轴、双轴和多轴等。这种镗床常配以专用夹具和刀具,组成专用机床,进行镗孔、钻孔、扩孔、倒角、镗台阶孔、镗卡圈槽和铣端面等工作。

卧式金刚镗床如图 6-64 所示,一般主轴头固定,主轴高速旋转,工作台作进给移动;也有工作台固定、主轴头作进给移动的。后者适宜加工较重、较大的工件。

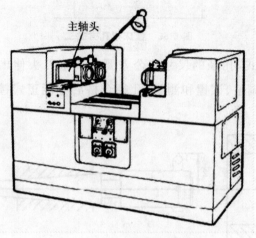

图 6-64　卧式双面金刚镗床

二、镗内孔方式

镗床镗内孔主要有以下三种方式:

(1)镗床主轴带动刀杆和镗刀旋转,工作台带动工件做纵向进给运动,如图 6-65 所示。这种方式镗削的孔径一般小于 120mm。图 6-65(a)所示为悬伸式刀杆,不宜伸出过长,以免弯曲变形过大,一般用以镗削深度较小的孔。图 6-65(b)所示的刀杆较长,用以镗削箱体两壁相距较远的同轴孔系。为了增加刀杆刚性,其刀杆另一端支承在镗床后立柱的导套座里。

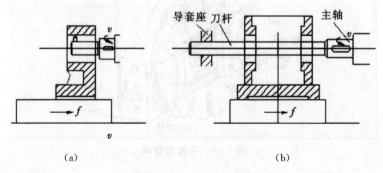

(a)　　　　　　　　　　(b)

图 6-65　镗床镗孔方式一

(2)镗床主轴带动刀杆和镗刀旋转,并做纵向进给运动,如图 6-66 所示。这种方式主轴悬伸的长度不断增大,刚性随之减弱,一般只用来镗削长度较短的孔。

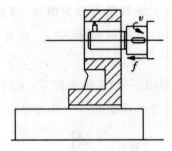

图 6-66　镗床镗孔方式二

上述两种镗削方式,孔径的尺寸和公差要由调整刀头伸出的长度来保证,如图 6-67所示。需要进行调整、试镗和测量,孔径合格后方能正式镗削,其操作技术要求较高。

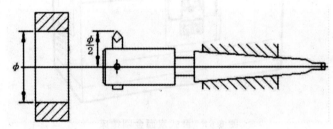

图 6-67　单刃镗刀刀头调整

(3)镗床平旋盘带动镗刀旋转,工作台带动工件做纵向进给运动。图 6-68 所示的镗床平旋盘可随主轴箱上、下移动,自身又能做旋转运动。其中部的径向刀架可做径向进给运动,也可处于所需的任一位置上。

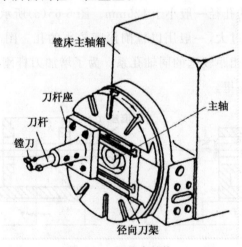

图 6-68　平旋盘结构

如图 6-69(a)所示,利用径向刀架使镗刀处于偏心位置,即可镗削大孔。Φ200mm以上的孔多用这种镗削方式,但孔不宜过长。图 6-69(b)为镗削内槽,平旋盘带动镗刀旋转,径向刀架带动镗刀做连续的径向进给运动。将刀尖伸出刀杆端部,也可镗削孔的端面。

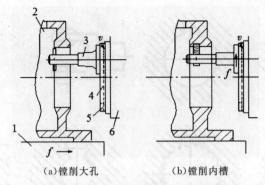

(a)镗削大孔　　　　　(b)镗削内槽

图 6-69 利用平旋盘镗削大孔和内槽

1—工作台；2—工件；3—刀杆架；4—径向刀架；5—平旋盘；6—主轴箱

镗床镗孔一般采用单刃镗刀，但在成批大量生产，特别是对孔径大(＞Φ80mm)、孔深长、精度高的孔进行镗削加工时，采用浮动镗刀进行加工。浮动镗削的优点是易于稳定地保证加工质量，操作简单，生产率高。但不能校正原孔的位置误差，因此孔的位置精度应在前面的工序中得到保证。

第七节　拉　　削

一、拉削概述

拉削是指用拉刀进行零件加工的方法。拉刀是一种多齿刀具，后一刀齿比前一刀齿高，拉削时，拉刀相对工件作直线运动，拉刀的每个刀齿依次从工件上切下一层薄的切屑，如图 6-70 所示。当全部刀齿通过工件后，就完成了工件的加工。

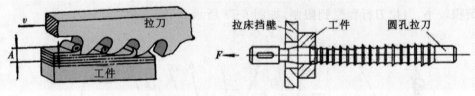

图 6-70　拉削平面和拉削圆孔

拉削能够加工的表面如图 6-71 所示。

拉刀的结构比一般切削加工刀具复杂，制造困难，成本高，拉削每一种表面都需要用专门的拉刀，因此仅适用于成批大量生产。在单件小批生产中，对于某些精度要求高、形状特殊的成形表面，用其他方法加工困难时，也有采用拉削加工的。盲孔、深孔、阶梯孔和有障碍的外表面，则不能用拉削加工。

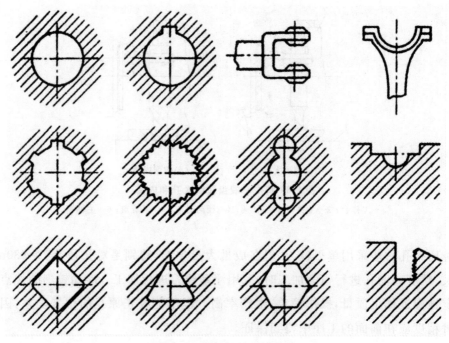

图 6-71　拉削能加工的表面

二、拉床

按加工表面不同,拉床可分为内拉床和外拉床。按结构形式可分为卧式和立式。

内拉床用于拉削内表面,如花键孔、方孔等。工件贴住端板或安放在平台上,传动装置带着拉刀作直线运动,并由主溜板和辅助溜板接送拉刀。内拉床有卧式和立式之分。卧式应用较普遍,可加工大型工件,占地面积较大,如图 6-72 所示;立式占地面积较小,但拉刀行程受到限制,如图 6-73 所示。

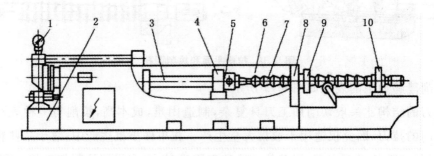

图 6-72　卧式内拉床

1—压力表;2—液压传动部件;3—活塞拉杆;4—随动支架;

5—刀架;6—床身;7—拉刀;8—支承;9—工件;10—随动刀架

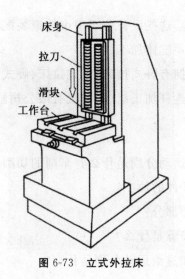

图 6-73　立式外拉床

第八节　本章小结

　　本章主要介绍了多种常用的切削加工方法,包括车削、铣削、刨削、磨削、钻削、镗削、拉削等;重点阐述了上述加工方法的切削原理、加工设备、适用范围、加工方式等内容。

　　车床是机加车间常用的加工设备,中国一拖拥有多种型号的普通卧式车床、数控车床,这些设备位于中小轮拖装配厂机加车间,铸锻有限公司曲轴、连杆生产线,柴油机有限公司凸轮轴加工线。

　　铣床是机加车间常用的加工设备,中国一拖拥有多种型号的卧式铣床、立式铣床,这些设备位于中小轮拖装配厂机加车间、铸锻有限公司连杆加工线、柴油机有限公司凸轮轴加工线,在洛阳中信重工拥有龙门铣床。

　　在刨床方面,中国一拖拥有牛头刨床,位于中小轮拖装配厂机加车间,拥有插床,用于加工键槽,位于齿轮加工车间。

　　磨床是机加车间常用的加工设备,中国一拖拥有多种型号的外圆磨床、内圆磨床、双端面磨床、端面外圆磨床,这些设备位于中小轮拖装配厂机加车间,铸锻有限公司曲轴、连杆加工线。

　　钻床是机加车间常用的加工设备,中国一拖拥有摇臂钻床、立式钻床、台式钻床、立式组合钻床,这些设备位于中小轮拖装配厂机加车间、铸锻有限公司连杆加工线、柴油机有限公司缸体加工线。

　　在镗床方面,中国一拖拥有卧式镗床、卧式双面金刚镗床、卧式双面精镗床、立式组合镗床和卧式双面镗床等,这些设备位于中小轮拖装配厂机加车间、铸锻有限公司连杆加工线、柴油机有限公司缸体加工线。

在拉床方面,中国一拖拥有卧式拉床、立式拉床、卧式专用拉床,这些设备位于齿轮加工车间、铸锻有限公司连杆加工线、柴油机有限公司缸体加工线。

1.车削的主运动、进给运动分别是什么? 车削的切削用量包括什么?

2.车削可以进行哪些工件的加工?

3.普通车床包括那几个部分?

4.车削螺纹的方法和步骤是什么?

5.铣削加工的主运动和进给运动分别是什么?

6.铣削平面的方法有几种?

7.牛头刨床包括哪几个部分,各有什么作用?

8.磨削适用于什么零件的加工?

9.外圆磨削有几种方法,各有什么特点?

10.扩孔为什么比钻孔精度高,铰孔为什么又比扩孔精度高?

11.麻花钻的结构组成?

12.试分析车床钻孔与钻床钻孔的区别?

13.镗削内孔的方式有哪几种?

第七章 齿轮加工

第一节 齿 轮

齿轮是轮缘上有齿,能连续啮合传递运动和动力的机械元件,是能互相啮合的有齿的机械零件。齿轮传动具有传动平稳、传动比精确、工作可靠、效率高、寿命长、使用的功率、速度和尺寸范围大等特点,齿轮传动的应用日益广泛。

按照齿轮整体形状分为圆柱齿轮(见图 7-1、图 7-2)、圆锥齿轮(见图 7-7、图 7-8)、蜗轮与蜗杆(见图 7-9);

按照齿面形状分为直齿(见图 7-1)、斜齿(见图 7-2)、人字齿(见图 7-4)、圆弧齿(见图 7-8)。

图 7-1 圆柱直齿轮

图 7-2 圆柱斜齿轮

图 7-3 齿轮齿条传动

图 7-4 人字齿轮传动

图 7-5 直齿外啮合传动

图 7-6 直齿内啮合传动

图 7-7 圆锥直齿轮传动

图 7-8 圆锥曲齿轮传动

图 7-9 蜗轮蜗杆传动

图 7-10 交错轴斜齿轮传动

按两啮合齿轮轴线的相对位置分类,见表 7-1。

表 7-1　按两啮合齿轮轴线相对位置分类表

平行轴齿轮传动 （圆柱齿轮）	直齿轮	圆柱齿轮	外啮合（见图 7-5）
			内啮合（见图 7-6）
		齿轮齿条（见图 7-3）	
	斜齿轮	圆柱齿轮	外啮合
			内啮合
		齿轮齿条	
	人字齿轮（见图 7-4）		
相交轴齿轮传动 （圆锥齿轮）	直齿轮（见图 7-7）		
	曲齿轮（见图 7-8）		
交错抽齿轮传动	蜗轮蜗杆（见图 7-9）		
	曲齿轮（圆锥齿轮）		
	斜齿轮（见图 7-10）		

渐开线直齿轮是在工程实际中应用最广泛的一类齿轮,其各部分的名称如图 7-

11 所示。其各部分的尺寸计算见表 7-2。

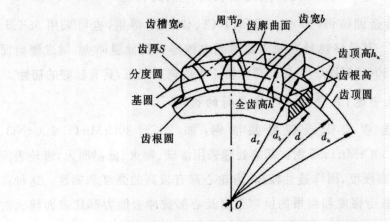

图 7-11 渐开线直齿圆柱齿轮各部分名称图

表 7-2 标准直齿圆柱齿轮轮齿各部分的尺寸计算

名称	符号	公式
模数	m	
分度圆直径	d	$d = mz$
齿顶圆直径	d_a	$d_a = d + 2h_a = (z+2)m$
齿根圆直径	d_f	$d_f = d - 2h_f = (z-2.5)m$
齿顶高	h_a	$h_a = m$
齿根高	h_f	$h_f = 1.25m$
全齿高	h	$h = h_a + h_f = 2.25m$
中心距	a	$a = (d_1 + d_2)/2 = (z_1 + z_2)m/2$
齿距	p	$p = \pi m$

第二节 齿轮材料

根据齿轮工作时载荷的大小、转速的高低及齿轮的精度要求不同,齿轮所用的材料也有差异。载荷大小主要是指齿轮传递转矩的大小,通常以齿面上单位压应力作为衡量标志,一般分为轻载荷、中载荷、重载荷和超重载荷。

1. 轻载、低速或中速、冲击力小、精度较低的一般齿轮

选用中碳钢,如 Q235、Q275、40、45、50、50Mn 等钢制造,常用正火或调质等热处理制成软齿面齿轮。

2. 中载、中速、承受一定冲击载荷、运动较为平稳的齿轮

选用中碳钢或合金调质钢,如 45、50Mn、40Cr、42SiMn 等钢,也可采用 55Tid、60Tid 等低淬透性钢。其最终热处理采用高频或中频淬火及低温回火,制成硬齿面齿轮,可达齿面硬度 50～55HRC,齿轮心部保持正火或调质状态,具有较好的韧性。

3. 重载、高速或中速,且受较大冲击载荷的齿轮

选用低碳合金渗碳钢或碳氮共渗钢,如 20Cr、20CrMnTi、20CrNi3、18Cr2Ni4WA、40Cr、30CrMnTi 等钢。其热处理采用渗碳、淬火、低温回火,齿轮表面获得 58～63HRC 的高硬度,因淬透性较高,齿轮心部有较高的强度和韧性。这种齿轮的表面耐磨性、抗疲劳强度和齿根的抗弯强度及心部抗冲击能力都比表面淬火的齿轮高,精度要求较高时,最后一般要安排磨削。

第三节　齿轮加工方法

常用的齿轮齿形加工方法包括成形法和展成法。利用与被加工齿轮齿槽形状相符的成形铣刀在齿坯上加工出齿形的方法,称为成形法;利用齿轮刀具与被切齿轮的啮合运动而切出齿轮齿形的方法被称为展成法,也叫范成法、包络法。

1. 铣齿

可在通用铣床上进行加工,具体在卧式铣床上用盘状铣刀或在立式铣床上用指状铣刀进行加工,如图 7-12 所示。铣齿属于成形法,因此要用专门的齿轮铣刀——模数铣刀,可根据齿轮的模数和齿数选择模数铣刀。完成一个齿槽的加工,必须对工件进行一次分度,再接着铣下一个齿槽,直到完成整个齿轮。所以,铣齿轮时,齿坯要套在芯轴上,用分度头卡盘和尾架顶尖装夹。

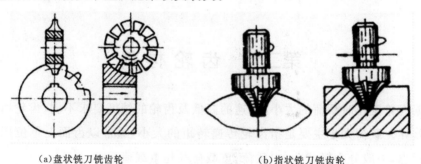

　　(a)盘状铣刀铣齿轮　　　　　　　　　(b)指状铣刀铣齿轮

图 7-12　齿轮成型法加工

2. 滚齿

滚齿加工是按展成法的原理来加工齿轮的。用滚刀来加工齿轮相当于一对交错轴的螺旋齿轮啮合,滚刀与齿坯按啮合传动关系作相对运动,在齿坯上切出齿槽,形成了渐开线齿面,如图 7-13 所示。滚齿加工采用的滚齿刀如图 7-14 所示,滚齿机床如图 7-15 所示。

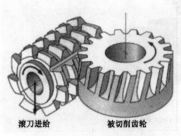  

图 7-13　滚齿切削原理图　　　图 7-14　滚齿刀　　　图 7-15　Y3150 滚齿机床

3.插齿

插齿是利用插齿刀在插齿机上加工内、外齿轮等的齿面加工方法。插齿的加工过程,相当于一对直齿圆柱齿轮的啮合。插齿时刀具沿工件轴线方向作高速的往复直线运动,形成切削加工的主运动,同时还与工件作无间隙的啮合运动,在工件上加工出全部轮齿齿廓。在加工过程中,刀具每往复一次仅切出工件齿槽的很小一部分,工件齿槽的齿面曲线是由插齿刀切削刃多次切削的包络线所组成的。插齿原理如图 7-16所示,插齿采用的插齿刀如图 7-17 所示,插齿机床如图 7-18 所示。

插齿适用于加工模数小、齿较窄的内齿轮、双联或多联齿轮等。

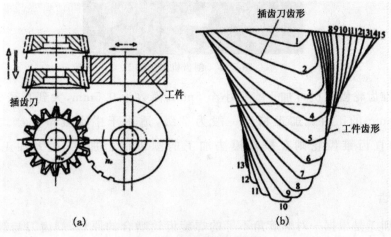

图 7-16　插齿切削原理图

图 7-17　插刀　　　　　　　　图 7-18　Y58 插齿机床

4.刨齿

以专用刀具(刨齿刀)来加工直齿圆锥齿轮的齿形,刨齿机的上、下刀架作直线往复的切削运动,整个刀架装在摇台上,并随摇台作一定角度的摆动,与工件的相应角度的正反回转运动一起构成展成运动。摇台每上下往复摆动一次,就完成一个齿的切削运动。刨齿采用的刨齿机如图 7-19 所示。

图 7-19　刨齿机加工图

直齿锥齿轮刨齿机可加工直径小至 5mm、模数为 0.5mm,大到直径为 900mm、模数为 20mm 的工件。加工精度一般为 7 级,适用于中小批量生产。直径大于 900mm 的直齿锥齿轮则在按靠模法加工的刨齿机上加工,最大加工直径可达 5 000mm。

5.剃齿

剃齿加工是根据一对螺旋角不等的螺旋齿轮啮合的原理,剃齿刀与被切齿轮的轴线空间交叉一个角度,它们的啮合为无侧隙双面啮合的自由展成运动。为使齿轮两侧获得同样的剃削条件,在剃削过程中剃齿刀做交替正反转运动。剃齿加工原理如图 7-20 所示,剃齿采用的剃齿刀如图 7-21 所示,剃齿机床如图 7-22 所示。

图 7-20 剃齿加工原理图　　图 7-21 剃齿刀　　图 7-22 剃齿机床

6. 磨齿

磨齿是齿轮精加工的一种重要方法,其主要特点是可以作为淬硬齿轮的最终加工工序,并全面纠正齿轮磨前的各项误差,获得较高的加工精度。按照工作原理分为展成法和成形法两类,如图 7-23、图 7-24 所示。磨齿所采用的砂轮如图 7-25、图 7-26 所示。

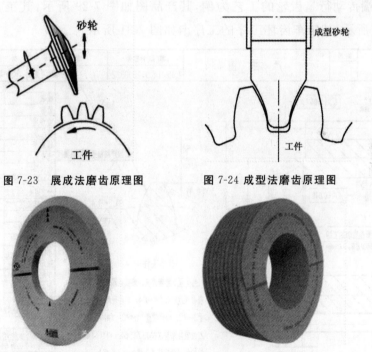

图 7-23 展成法磨齿原理图　　　图 7-24 成型法磨齿原理图

图 7-25 齿轮砂轮　　　　　图 7-26 齿轮成型砂轮

7. 珩齿

淬火后的齿轮轮齿表面有氧化皮,影响齿面粗糙度,热处理的变形也影响齿轮的精度。由于工件已淬硬,除可用磨削加工外,但也可以采用珩齿进行精加工。珩齿原理与剃齿相似。珩齿是齿轮热处理后的一种精加工方法。

珩磨轮是由磨料和环氧树脂等原料经化学合成制造的特殊成型齿轮,如图 7-27 所示。珩齿采用的机床如图 7-28 所示。

图 7-27 珩磨轮

图 7-28 珩齿机床

第四节　典型齿轮加工工艺

以末端传动行星齿轮的工艺为例,其产品图如图 7-29 所示,其工艺过程综合卡如图 7-30 所示,其精车齿坯工序的工序卡如图 7-31 所示。

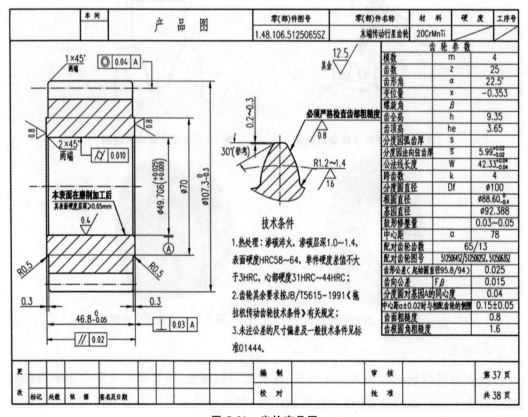

图 7-29 齿轮产品图

工艺过程综合卡			制品牌号	零(部)件名称	零(部)件图号
			LF80-90DT	末端传动行星齿轮	1.48.106.5125065SZ

车间	工序号	工序名称	机床名称	机床型号	平面图号	工序单件工时(分)	金属牌号
大齿	5	粗车齿坯	横移转塔车床	CH3240-MC	16B040	4.7'	20CrMnTi
							毛坯 种类 镶件 尺寸
质量部	10J-1	粗车齿坯检验	检验台			9.28'	
大齿	10	精车齿坯	数控车床	CK7150A	16J231	3.71'	重量 毛重 净重 2.5Kg
质量部	10J-2	齿坯检验	检验台				
大齿	15	滚齿	滚齿机	Y3150E	16S015	34'/2件	毛坯硬度 HB170-210 成品硬度 HRC58-64
			数控滚齿机	YK03132H, GLEASON210H	16S102、16S136		
		滚齿(备用)	数控滚齿机	GLEASON210H	16S136		每台制品零件数
大齿	20	打标识	气动打标机	BJ-GAPL	16J264	1.0'	每个零件所需工时(分) 机动时间 钳工时间 总工时
大齿	25	剃齿	剃齿机/数控剃齿机	YHZ3ZC/YHH2400XC	16J120/16S137		
大齿	30	清洗	清洗机	QXLT70-I	16B021	1.5'	
质量部	30J-3	热前检验	检验台				每台制品总工时

更改						编制		审核		第 1 页
	标记	处数	依据	签名及日期		校对		批准		共 38 页

工艺过程综合卡			制品牌号	零(部)件名称	零(部)件图号
			LF80-90DT	末端传动行星齿轮	1.48.106.5125065SZ

车间	工序号	工序名称	机床名称	机床型号	平面图号	工序单件工时(分)	金属牌号
热处理	35	热处理					20CrMnTi
							毛坯 种类 镶件 尺寸
质量部	35J-4	热后检验	检验台				
大齿	40	齿面滚光	滚光机	389-264	16673	2.5'	重量 毛重 净重 2.5Kg
大齿	45	磨内孔、靠端面	内圆磨床	M2120	166623		
大齿	50	磨另一端面	平面磨床	M7475B	16S006		毛坯硬度 HB170-210 成品硬度 HRC58-64
大齿	55	磨齿(出国丰零件工序)	数控磨齿机	YK7232A	16S092		每台制品零件数
大齿	60	清洗	清洗机	QXLT70-I	16B021	1.5'	每个零件所需工时(分) 机动时间 钳工时间 总工时
质量部	60J-5	最终检验	检验台				
							每台制品总工时

更改						编制		审核		第 2 页
	标记	处数	依据	签名及日期		校对		批准		共 38 页

图 7-30　齿轮工艺过程综合卡

机械加工工序卡	零(部)件图号	零(部)件名称	工序号
	1.48.106.5125065SZ	末端传动行星齿轮	15

车间	工序名称	精车齿坯
大齿		

材料		机床		
牌号	硬度	名称	型号	平面图号
20CrMnTi	HB170-210	数控车床	CK7150A	16J231
单件时间（分）	10'	每班件数	42件	

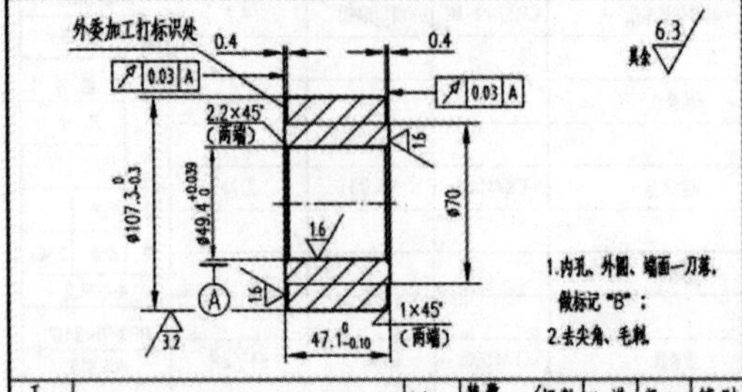

工步号	工步内容	走刀次数	转数或往复数/切削速度	单位进刀量	机动时间(分)	辅助时间
1	精车端面 1.6，台阶面 6.3，保证尺寸 $47.85^{0}_{-0.1}$	2	/240(mm/min)	0.25mm/r	0.35'	1'
	ø70、0.4、R0.5 〔↗ 0.03 A〕					
2	精车外圆、倒角，保证尺寸 $ø107.3^{0}_{-0.3}$、1×45° 3.2	1	700r/min	0.25mm/r	0.32'	0.5'
3	精镗孔、倒角，保证尺寸 $ø49.4^{+0.039}_{0}$、2.2X45° 1.6	3	1200r/min	0.25mm/r	4'	0.5'
4	精车另一面，保证尺寸 $ø107.3^{0}_{-0.3}$、ø70、	4			1.5'	2'
	$47.1^{0}_{-0.1}$、0.4、1X45°、2.2X45°					
	1.6 3.2 6.3 〔↗ 0.03 A〕					
基准面	外圆及端面					

工具类别	工步号	工具代号	工具名称	工具尺寸	数量
夹具		随机床	卡盘		1
		随机床	卡爪		1套
		随机床	刀套	D40/d32	2
刀具		CNMG160608-HM	外圆端面刀片		1
		MCLNL2525M16-W	外圆端面刀杆		1
		CNMG120408-HM	内孔刀片		2
		S25R-MCLNL12-(A)	内孔刀杆		2
量具		100-1314	塞规	$ø49.4^{+0.039}_{0}$	1
		GB8122-87	内径百分表	35~50/0.01	1
		GB1216-85	外径千分尺	25~50/0.01	1
		GB1215-85	深度游标卡尺	0~200/0.02	1
		GB1214-85	游标卡尺	0~150/0.02	1
		189-1501/1689	检验心轴		
		181-7502	摆差仪		1
		GB1219-85	百分表	0~5/0.01	1
		GB6060.4-88	粗糙度对比样块		1

更改	标记	处数	依据	签名及日期	编制	校对	审核	第10页

图 7-31　齿轮机械加工工序卡

第五节　齿轮传动的失效形式

齿轮传动的失效形式主要发生在轮齿部分，其常见的失效形式包括轮齿折断、齿面磨损、齿面疲劳点蚀、齿面胶合和齿面塑性变形等五种。

一、轮齿折断

轮齿折断有多种形式，在正常情况下，又分为以下两种：

1. 过载折断

因短时或冲击载荷而产生的折断。过载折断的断口一般都在齿根部位，端口比较平直，并且具有很粗糙的特征，如图 7-32(a)所示。

2. 疲劳折断

齿轮在工作过程中，齿根处产生的弯曲应力最大，再加上齿根过渡部分的截面突变及加工刀痕等引起的应力集中作用，当轮齿重复受载后，齿根处就会产生疲劳裂纹，并逐步扩展，致使轮齿疲劳折断。齿面较小的直齿轮常发生全齿折断，齿面较大的直齿轮,因制造装配误差易产生载荷偏执一端,导致局部折断;斜齿轮和人字齿齿轮,由于接触线倾斜,一般是局部齿折断,如图 7-32(b)所示。

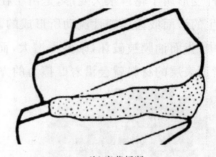

（a）过载折断　　　　　　　　　　　　　　　（b)疲劳折断

图 7-32　轮齿折断

二、齿面磨损

当齿面间落入铁屑、砂粒、非金属物等磨粒性物质或粗糙齿面的摩擦时,都会发生磨粒磨损。齿面磨损后,引起齿廓变形,产生振动、冲击和噪声,磨损严重时,由于齿厚过薄而可能发生轮齿折断,如图 7-33 所示。

三、齿面疲劳点蚀

由于齿面接触应力是按脉动循环变化的(其工作表面上任一点产生的接触应力系由零增加到最大值),应力经多次反复后,轮齿表层下一定深度产生裂纹,裂纹逐渐发展扩大导致轮齿表面出现疲劳裂纹,疲劳裂纹扩展的结果是使齿面金属脱落而形成麻点状凹坑,这种现象就称为齿面疲劳点蚀,如图 7-34 所示。

图 7-33　齿面磨损　　　　　　　　　　　图 7-34　疲劳点蚀

四、齿面胶合

胶合是比较严重的黏着磨损,一般发生在齿面相对滑动速度大的齿顶或齿根。互相啮合的轮齿齿面,在一定的温度或压力作用下,发生黏着,随着齿面的相对运动,黏焊金属被撕脱后,齿面上沿滑动方向形成沟痕,这种现象称为胶合,如图 7-35 所示。

五、塑性变形

塑性变形属于轮齿永久变形,是由于在过大的应力作用下,轮齿材料处于屈服状态而产生的齿面或齿体塑性流动所形成的。当轮齿材料较软,载荷很大时,轮齿在啮合过程中,齿面油膜被破坏,摩擦力增大,而塑性流动方向和齿面所受摩擦力的方向一致,齿面表层的材料就会沿着摩擦力的方向产生塑性变形,如图 7-36 所示。

图 7-35　齿面胶合

图 7-36　塑性变形

第六节　本章小节

本章介绍了齿轮的构成与标准直齿圆柱齿轮的尺寸计算方法,按照传动方式对齿轮类型进行分类。明确了根据工作载荷进行齿轮材料选择的方法,并介绍了如何对齿轮进行热处理以满足加工与使用。详细介绍了齿形加工的多种方法,包括铣齿、滚齿、插齿、刨齿、剃齿、磨齿、珩齿,同时展示了齿轮工艺卡片等材料。最后介绍了齿轮失效的形式。

本章较为全面地介绍了齿轮加工过程中的相关知识。加工中涉及到的典型零件与加工设备,均在中国一拖齿轮分厂能够参观学习到。

思考题

1.如何对齿轮材料进行选择?

2.常用齿轮热处理工艺有哪些?其分别具有什么特点?

3.按照加工原理的不同,齿形加工可分为哪两大类?各有哪些加工方法?

4.比较滚齿加工与插齿加工的工艺特点。

5.剃齿、磨齿使用的场合有何不同?

6.如何保证剃齿加工的质量,应注意的问题有哪些?

第八章 热处理

热处理是一种重要的金属热加工工艺,它主要是指把固态金属材料在一定介质中加热、保温、冷却,以改变其组织,从而获得所需性能的一种热加工工艺,其热加工工艺曲线示意图如图 8-1 所示。金属材料在热处理过程中会发生一系列的组织变化,这些转变具有严格的规律性,因此,将金属材料组织转变的规律称做热处理原理。

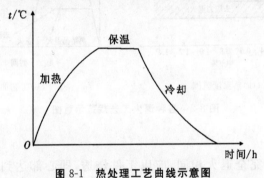

图 8-1 热处理工艺曲线示意图

根据加热和冷却方式的不同,可把热处理分为以下几类。

(1)普通热处理:包括退火、正火、淬火和回火等。

(2)表面热处理:包括表面淬火和化学热处理。表面淬火包括:感应加热表面淬火、火焰加热表面淬火、电接触加热表面淬火等。化学热处理包括:渗碳、渗氮、碳氮共渗、多元共渗等。

(3)其他热处理:包括可控气氛热处理、真空热处理、形变热处理等。

第一节 普通热处理

一、退火与正火

退火与正火是最基本的热处理工序,主要应用于各类铸、锻、焊工件毛坯或工件加工过程中的半成品,所得到的均为珠光体型组织,即铁素体和渗碳体的机械混合物。

1. 退火

退火是将钢加热到一定温度并保温一定时间,然后以缓慢的速度冷却,使之获得接近平衡状态组织的热处理工艺。退火是钢的热处理工艺中应用最广、种类最多的一种工艺,根据钢的成分和退火目的、要求不同,退火可分为完全退火、等温退火、球化退火、均匀化退火、去应力退火和再结晶退火等。各种退火的加热温度范围和工艺曲线如图 8-2 所示。

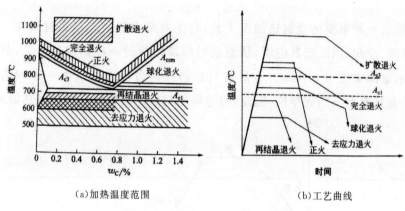

(a)加热温度范围　　　　　　　　(b)工艺曲线

图 8-2　各种退火工艺规范示意图

2. 正火

正火保温时间和完全退火相同,应以工件烧透,即心部达到要求的加热温度为准,还应考虑钢材成分、原始组织、装炉量和加热设备等因素。通常根据具体工件尺寸和经验数据加以确定。

正火最常用的冷却方式是将钢件从加热炉中取出并在空气中自然冷却。对于大件也可采用吹风、喷雾和调节钢件堆放距离等方法控制钢件的冷却速度,以达到要求的组织和性能。

二、淬火与回火

钢的淬火与回火是热处理工艺中最重要,也是用途最广的工序。淬火可以显著提高钢的强度和硬度。淬火后,为了消除淬火钢的残余内应力,获得不同强度、硬度与韧性配合的性能,需要配以不同温度的回火。所以淬火与回火是不可分割的、紧密衔接在一起的两种热处理工艺。淬火与回火作为各种机器零件及工、模具的最终热处理,是赋予钢件最终性能的关键工序,也是钢件热处理强化的重要手段之一。

1. 淬火

淬火是将钢加热至临界点(见图 8-2 中, A_{c1} 或 A_{c3})以上,保温一定时间后以大于临界冷却速度的速度冷却,使过冷奥氏体转变为马氏体或下贝氏体组织的热处理工艺。图 8-3 表示共析碳钢淬火冷却工艺曲线示意图。v_c、v_c' 分别为上临界冷却速度（即淬火临界冷却速度）和下临界冷却速度。当 $v>v_c$ 的速度冷却（曲线 1）时，可得到马氏体组织；当 $v_c>v>v_c'$ 的速度冷却（曲线 2）时，可得到马氏体＋珠光体混合组织；以曲线 3 冷却得到下贝氏体组织。

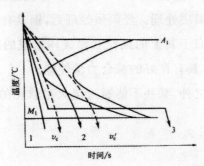

图 8-3　共析碳钢的淬火工艺曲线示意图

淬火是为了使奥氏体化后的工件得到马氏体或下贝氏体组织，但马氏体或下贝氏体不是热处理所要得到的最终组织。淬火必须与回火恰当配合，才能达到预期目的，所以，这里所说的"淬火目的"实际上是淬火＋回火的共同作用。

(1)提高钢的硬度和耐磨性。

(2)提高钢的弹性极限。

(3)提高钢的综合力学性能。

(4)改善钢的特殊性能。

总之，钢的强度、硬度、耐磨性、弹性、韧性、疲劳强度等，都可以利用淬火与回火使之大大提高。所以，淬火是强化钢铁材料的重要手段之一。

2. 回火

回火是紧接淬火以后的一道热处理工艺，大多数淬火钢件都要进行回火。它是将淬火钢再加热到 A_{c1} 以下某一温度，保温一定时间，然后冷却到室温的热处理工艺。回火的目的是为了稳定组织，减小或消除淬火应力，提高钢的塑性和韧性，获得强度、硬度和塑性、韧性的适当配合，以满足不同的使用性能要求。

制定回火工艺时，根据钢的化学成分、工件的性能要求以及工件淬火后的组织和硬度来正确选择回火温度、保温时间、回火后的冷却方式等工艺参数，以保证工件回火后能获得所需要的组织和性能。决定工件回火后的组织和性能最重要因素是回火温度。根据回火温度高低可分为低温回火、中温回火和高温回火等。

(1)低温回火。低温回火温度为 $150\sim250℃$，既能保持钢的高硬度、高强度和良好的耐磨性，又适当提高了韧性。因此，低温回火特别适用于刀具、量具、滚动轴承、渗碳件及高频表面淬火工件。

（2）中温回火。中温回火温度为 $350\sim500℃$。中温回火后工件的淬火应力基本消失，因此钢具有高的弹性极限，较高的强度和硬度，良好的塑性和韧性。故中温回火主要用于各种弹簧类零件及热锻模具。

（3）高温回火。高温回火温度为 $500\sim650℃$。习惯上将淬火和随后的高温回火相结合的热处理工艺称为调质处理。经调质处理后，钢具有优良的综合力学性能，得到由铁素体基体和弥散分布于其上的细粒状渗碳体组成的回火索氏体组织，使钢的强度、塑性、韧性配合适当，具有良好的综合力学性能。

除上述三种回火方法之外，某些不能通过退火来软化的高合金钢，可以在 $600\sim680℃$ 进行软化回火。

第二节　表面热处理

一、表面淬火

许多机器零件，如齿轮、凸轮、曲轴等是在弯曲、扭转载荷下工作，同时受到强烈的摩擦、磨损和冲击。这时应力沿工件断面的分布是不均匀的，越靠近表面应力越大，越靠近心部应力越小。因此，要求零件表面具有高的强度、硬度和耐磨性，要求心部具有一定的强度、足够的塑性和韧性。要同时满足这些要求，仅仅依靠选材是比较困难的，用普通的热处理也无法实现。这时可通过表面热处理的手段来满足工件的使用要求。

根据工件表面加热热源的不同，表面热处理可分为感应加热、火焰加热、电接触加热和近年来新发展起来的激光加热、电子束加热等表面热处理。仅对钢的表面快速加热、冷却，把表层淬成马氏体，心部组织不变的热处理工艺称为表面热处理，即表面淬火。

1. 感应加热表面淬火

感应加热是利用电磁感应原理，将工件置于用铜管制成的感应圈中，当向感应圈中通交流电时，在它的内部和周围将产生一个与电流频率相同的交变磁场。若把工件置于磁场中则在工件（导体）内部会产生感应电流，由于电阻的作用工件被加热。由于交流电的"集肤效应"，靠近工件表面电流密度最大，而工件心部电流几乎为零。这样几秒钟内工件表面温度就可以达到 $800\sim1\,000℃$，而心部仍接近于室温。当表层温度升高至淬火温度时，立即喷液冷却使工件表面淬火。图8-4为感应加热表面淬火示意图。

感应加热设备的频率不同,其使用范围也不同。高频加热表面淬火主要用于中小模数齿轮和轴类零件;中频加热表面淬火主要用于曲轴、凸轮和大模数齿轮;工频加热表面淬火主要用于冷轧辊和车轮等。

2.火焰加热表面淬火

火焰加热表面淬火是一种利用乙炔-氧气或煤气-氧气混合气体的燃烧火焰,将工件表面迅速加热到淬火温度,随后以浸水和喷水方式进行激冷,使工件表层转变为马氏体而心部组织不变的工艺方法。图 8-5 为火焰加热表面热处理示意图。

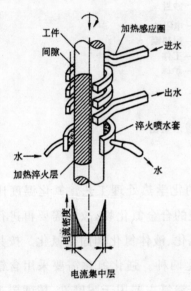

图 8-4 感应加热表面淬火示意图

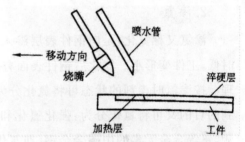

图 8-5 火焰加热表面热处理示意图

二、化学热处理

化学热处理是将钢件在一定介质中加热、保温,使介质中的活性原子渗入工件表层以改变表层化学成分和组织,从而改善表层性能的热处理工艺。化学热处理可以强化钢件表面,提高钢件的疲劳强度、硬度与耐磨性等;改善钢件表层的物理化学性能,提高钢件的耐蚀性、抗高温氧化性等。化学热处理可使形状复杂的工件获得均匀的渗层,不受钢的原始成分的限制,能大幅度地多方面地提高工件的使用性能,延长工件的使用寿命。

化学热处理可分为渗碳、渗氮、碳氮共渗等。

1.渗碳

渗碳方法有气体渗碳、固体渗碳和液体渗碳。目前广泛应用的是气体渗碳法。气体渗碳法是将低碳钢或低碳合金钢工件置于密封的渗碳炉中,加热至完全奥氏体化温度(奥氏体溶碳量大,有利于碳的渗入),通常为 $900\sim950℃$,并通入渗碳介质使工件渗碳。气体渗碳介质可分为两大类：一是液体介质（含有碳氢化合物的有机液体），如煤油、苯、醇类和丙酮等，使用时直接滴入高温炉罐内，经裂解后产生活性碳原子；二是气体介质，如天然气、丙烷气及煤气等，使用时直接通入高温炉罐内，经裂解后用于渗碳。图 8-6 所示为气体渗碳装置示意图。

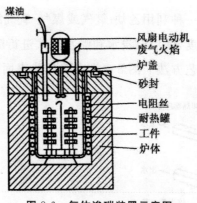

图 8-6　气体渗碳装置示意图

2. 渗氮

渗氮又称氮化，是向钢件表层渗入氮原子的化学热处理工艺。氮化温度比渗碳时低，工件变形小。氮化后钢件表面有一层极硬的合金氮化物，故不需要再进行热处理。按渗氮时渗剂的状态可将氮化分为：气体氮化、液体氮化和固体氮化。按其要达到的目的又可将氮化分为：强化氮化和耐蚀氮化两种。强化氮化需要采用含铝、铬、钼、钒等合金元素的中碳合金钢（即氮化用钢）。渗氮主要用于耐磨性、精度要求都较高的零件（如机床丝杠等）；或在循环载荷条件下工作且要求疲劳强度很高的零件（如高速柴油机曲轴）；或在较高温度下工作的要求耐蚀、耐热的零件（如阀门等）。

一般零件氮化工艺路线如下：锻造→退火→粗加工→调质→精加工→除应力→粗磨→氮化→精磨或研磨。

3. 碳氮共渗

碳氮共渗是一种使碳、氮原子同时渗入钢件表面的过程。早期的工艺是在含氰根的盐浴中进行，故又称氰化。碳氮共渗按所使用的介质不同，可分为固体、液体和气体碳氮共渗三种。按共渗温度不同，又可分为低温（500～600℃）、中温（780～880℃）和高温（900～950℃）碳氮共渗工艺。

第三节　半轴零件热处理实例

某型号半轴，其材料牌号为 42CrMo，其结构图如图 8-7 所示。

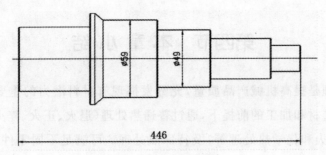

图 8-7 半轴结构图

对该半轴的热处理要求是：经过热处理，其硬度达到 $25\sim32\text{HRC}$，金相组织 $\leqslant3$，外圆跳动不大于 $0.3\mu\text{m}$，其热处理工艺流程见表 8-1。

表 8-1 半轴热处理工艺流程

工序号	工序名称					设备名称	设备型号
	轴齿-热处理车间（调质）-轴齿						
1a	参数	1 段	2 段	3 段	4 段	丰东 1 号炉	UBE-1000
	温度/℃	870	870	870	870		
	碳势浓度/%	0.6	0.6	0.6	0.6		
	时间/min	4.0	4.0	4.0	4.0		
	甲醇 35ml/min，丙酮不供，立装，不允许叠放						
	淬快速油，油温 (60 ± 20)℃，冷却 30min，高速搅拌						
	清洗：$1.5\sim3\%$ 的 Na_2CO_3 水溶液					清洗机	VCM-1000
1b	温度 (850 ± 10)℃，保温 120min（装炉时小头朝上、立装）					井式炉	RQ4-200-9
	冷却方式：淬介质溶液，搅拌器开，冷却 3min，淬火介质浓度 33.3%，温度 20～40℃						
2	中检					布氏硬度计	
	表面硬度 $\geqslant45\text{HRC}$，探伤无裂纹（抽 1 件探伤）						
	回火						
	回火温度 (600 ± 20)℃，保温 120min，硬度合格后出炉空冷					井式回火炉	
4	校直：外圆跳动不大于 0.3					校直机	
5	终检						
	车间按要求检查表面硬度，金相组织（残件随炉调质，并切检组织）						
	不允许有裂纹等热处理瑕疵，并做好记录						
	热回检验						
	调质：硬度 25～32HRC，金相组织不大于 3 级，各外圆跳动不大于 0.3						
	探伤无裂纹（抽 2 件探伤）						

第四节　本　章　小　结

　　钢的热处理是提高机械产品质量,充分发挥现有材料潜力的重要工艺方法。机械零件在正确选材和加工的前提下,通过普通热处理(退火、正火、淬火和回火)、表面热处理(表面淬火和化学热处理等)及特殊热处理。可满足不同零件的使用要求,发挥材料的潜力,提高零件的使用寿命。热处理是金属材料最经济有效的强化手段。普通热处理通常用来改变零件整体的组织和性能;表面热处理通常用来改变零件表面的成分、组织和性能。以典型的零件半轴为实例对热处理的工艺过程进行阐述。

　　在热处理方面,中国一拖拥有等温正火、去应力退火、调质、悬挂调质、感应淬火、氮化等设备,常用的有丰东多用炉、井式渗碳炉,此外,还有自动化淬火生产线、双排连续渗碳生产线,这些热处理设备都位于铸锻有限公司热处理分厂。

　　1.什么是钢的退火？退火的种类及用途是什么？

　　2.淬火的目的是什么？表面淬火的方法有哪几种？

　　3.感应淬火的优点是什么？

　　4.化学热处理的方式各有什么用途？

第九章　刀具、夹具与量具

第一节　刀　具

金属切削加工是用硬的刀具从软的被加工工件上切除多余材料，从而获得形状、尺寸精度及表面质量等合乎要求的零件的加工过程。刀具切削性能的优劣，取决于刀具的材料性能和结构，它直接影响到切削加工的可行性、生产效率、加工成本、加工精度以及加工表面质量。

一、刀具的几何参数及切屑种类

切削加工是依靠刀具和工件之间做相对运动来完成的。切削时，通常按其所起的作用可分为两种：主运动和进给运动。主运动是进行切削加工的主要运动。进给运动配合主运动，可保持不断的进行切削，并得到所需几何特征的加工表面。切削加工原理如图 9-1 所示。

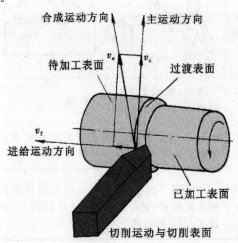

图 9-1　切削加工原理示意图

1. 刀具的几何形状

常用刀具的几何形状，以车刀为例，如图 9-2 所示。由于刀具切削部分直接参与切削过程,其几何参数关系着切削时金属的变形、切屑与刀具的摩擦、工件已加工表面与刀具的摩擦等,从而影响切削力、切削热及刀具的磨损;此外,还影响工件已加工表面的形状和质量、切屑的卷曲、折断和流向的控制等,因此,刀具的几何参数对刀具的切削性能和切削效果起重要的作用。

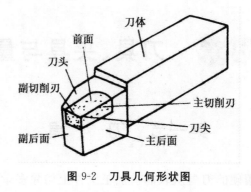

图 9-2　刀具几何形状图

2.切屑种类

切屑种类分为带状切屑、挤裂切屑、单元切屑和崩碎切屑等,见表 9-1。

表 9-1　切屑类型和形成条件

名称	带状切屑	挤裂切屑	单元切屑	崩碎切屑
简图				
形态	带状,底面光滑,背面呈毛茸状	节状,底面光滑有裂纹,背面呈锯齿状	粒状	不规则块状颗粒
变形	剪切滑移尚未达到断裂强度	局部剪切应力达到断裂强度	剪切应力完全达到断裂强度	未经塑性变形即被挤裂
形成条件	加工塑性材料,切削速度较高,进给量较小,刀具前角较大	加工塑性材料,切削速度较低,进给量较大,刀具前角较小	工件材料硬度较高,韧性较低,切削速度较低	加工硬脆材料,刀具前角较小
影响	切削过程平稳,表面粗糙度小,妨碍切削工作,应设法断屑	切削过程欠平稳,表面粗糙度欠佳	切削力波动较大,切削过程不平稳,表面粗糙度不佳	切削力波动大,有冲击,表面粗糙度恶劣,易崩刀

（1）带状切屑。其内表面光滑，外表面毛茸。加工塑性金属材料，当切削厚度较小、切削速度较高、刀具前角较大时，常得到这类切屑。切削过程平衡，切削力波动较小，已加工表面粗糙度较小。

（2）挤裂切屑。这类切屑与带状切屑不同之处在于外表面呈锯齿形，内表面有时有裂纹。这种切屑大多在切削速度较低、切削厚度较大、刀具前角较小时产生。

（3）单元切屑。如果在挤裂切屑的剪切面上，裂纹扩展到整个面上，则整个单元被切离，成为梯形的单元切屑。

（4）崩碎切屑。这是属于脆性材料的切屑。这种切屑的形状是不规则的，加工表面是凸凹不平的。从切削过程来看，切屑在破裂前变形很小，和塑性材料的切屑形成机理也不同。

二、刀具材料具备的基本性能

在切削过程中，刀具和工件直接接触的切削部分要承受极大的切削力，尤其是切削刃及紧邻的前、后刀面，长期处在切削高温环境中工作，并且切削中的各种不均匀、不稳定因素，还将对刀具切削部分造成不同程度的冲击和振动。刀具材料应具备以下几方面性能。

1.足够的硬度和耐磨性

硬度是刀具材料应具备的基本性能。刀具硬度应高于工件材料的硬度，常温硬度一般应在 60HRC 以上。

耐磨性是指材料抵抗磨损的能力。材料硬度越高，耐磨性越好。

2.足够的强度与韧性

切削时刀具要承受较大的切削力、冲击和振动，为避免崩刀和折断，刀具材料应具有足够的强度和韧性。刀具材料的抗弯强度大小顺序为：高速钢＞硬质合金＞陶瓷＞金刚石和立方氮化硼。

3.足够的耐热性、热硬性和较好的传热性

耐热性指刀具材料在高温下保持足够的硬度、耐磨性、强度和韧性、抗氧化性、抗黏结性和抗扩散性的能力（亦称为热稳定性）。刀具材料的高温硬度越高，耐热性越好，允许的切削速度越高。刀具材料的热导率大，有利于将切削区的热量传出，降低切削温度。

4.较好的工艺性和经济性

为了便于刀具加工制造，刀具材料要有良好的工艺性能，如热轧、锻造、焊接、热

处理和机械加工等工艺性能。

三、刀具材料的分类

常用刀具材料有工具钢、高速钢、硬质合金、陶瓷、立方氮化硼和金刚石等，目前用得最多的为高速钢和硬质合金。

1. 工具钢

(1)碳素工具钢的材料有 T7、T8、T10、T12、T7A、T8A、T10A、T12A 等。碳素工具钢只能用来制造一些小型手工刀具或木工刀具，如手锯条、横纹锉刀、凿子、刮刀、钻头、丝锥、板牙等刃具。

(2)合金工具钢是在碳素工具钢基础上加入一定的铬(Cr)、钼(Mo)、钨(W)、钒(V)等合金元素以提高淬透性、韧性、耐磨性和耐热性的一类钢种，如 9SiCr、CrWMn等。它主要用于制造低速切削刃具，如木工工具、钳工工具、钻头、铣刀、拉刀等刃具。

2. 高速钢

高速钢俗称白钢条、锋钢，是一种加入了较多的钨(W)、铬(Cr)、钒(V)、钼(Mo)等合金元素的高合金工具钢，主要牌号有 W18Cr4V、W6Mo5Cr4V2 和 W9Mo3Cr4V等。高速钢有良好的综合性能，具有较高的硬度和耐热性，一般硬度为 $62 \sim 67$HRC。在切削温度高达 $500 \sim 650$℃时仍能进行切削。其强度和韧性是现有刀具材料中最高的。一般做成整体式，数控加工常用。

3. 硬质合金

硬质合金是由难熔金属的硬质化合物(如 WC、TiC 等)和金属黏结剂(如 Co、Ni、Mo 等)通过粉末冶金工艺制成的一种合金材料。按 GB/T 2075—2007 可分为 P、M、K、N、S、H 六类。

(1)P 类(相当于我国 YT 类)硬质合金由 WC、TiC 和 Co 组成，也称钨钛钴类硬质合金。这类合金主要用于加工钢料，用蓝色作标志，常用牌号有 YT5、YT15 等。此类硬质合金不宜加工不锈钢和钛合金。

(2)M 类(相当于我国 YW 类)硬质合金是在 WC、TiC、Co 的基础上再加入 TaC(或 NbC)而成。这类硬质合金主要用来加工不锈钢，例如不锈奥氏体钢、铁素体钢和铸钢，用黄色标志，常用牌号有 YW1 和 YW2 等，

(3)K 类(相当于我国 YG 类)硬质合金由 WC 和 Co 组成，也称钨钴类硬质合金。这类合金主要用来加工铸铁，例如灰铸铁、球墨铸铁和可锻铸铁等，用红色作标志。

(4)N 类硬质合金由 WC 为基础，添加少量 TaC、NbC 和 Co 组成。这类合金主要用来加工非铁金属，例如铝及其他有色金属等，用绿色标志。

（5）S类硬质合金由 WC 为基础,添加少量 TaC、NbC 和 Co 组成。这类合金主要用来加工超级合金和钛,例如铁的耐热特种合金、镍、钴、钛及钛合金等,用褐色标志。

（6）H类硬质合金由 WC 为基础,添加少量 TaC、NbC 和 Co 组成。这类合金用来加工硬材料,例如硬化钢、硬化铸铁和冷硬铸铁等,用灰色标志。

4.陶瓷

陶瓷刀具常用于无冲击振动的连续高速车削。在耐热合金等难加工材料的加工中有广泛的应用。

5.立方氮化硼(CBN)

靠超高压、高温技术人工合成的新型刀具材料,其结构与金刚石相似,硬度略逊于金刚石,但热稳定性远高于金刚石,并且与铁族元素亲和力小,不易产生"积屑瘤"。

用于高硬、高强度难切削的铁族材料加工,如淬火钢、冷硬铸铁和高温合金等。与铁的反应性很低,是迄今为止能够加工铁系金属最硬的一种刀具材料。

6.金刚石

金刚石刀具具有极高的硬度和耐磨性、低摩擦系数、高弹性模量、高热导、低热膨胀系数,以及与非铁金属亲和力小等优点,可以用于非金属硬脆材料如石墨、高耐磨材料、复合材料、高硅铝合金及其他韧性有色金属材料的精密加工,不宜加工黑色金属。

四、刀具的分类

由于机械零件的材质、形状、技术要求和加工工艺的多样性,客观上要求进行加工的刀具具有不同的结构和切削性能。因此,生产中所使用的刀具的种类很多。

1.按工件加工表面的形式分类

刀具按工件加工表面的形式可分为五类:

（1）加工各种外表面的刀具:包括车刀、刨刀、铣刀、外表面拉刀和锉刀等。

（2）孔加工刀具:包括钻头、扩孔钻、镗刀、铰刀和内表面拉刀等。

（3）螺纹加工刀具:包括丝锥、板牙、自动开合螺纹切头、螺纹车刀和螺纹铣刀等。

（4）齿轮加工刀具:包括滚刀、插齿刀、剃齿刀、成型齿轮铣刀等。

（5）切断刀具:包括镶齿圆锯片、带锯、弓锯、切断车刀和锯片铣刀等。

2.按切削运动方式和相应的刀刃形状分类

按切削运动方式和相应的刀刃形状,刀具又可分为三类:

（1）通用刀具:如车刀、刨刀、铣刀(不包括成形车刀、成形刨刀和成形铣刀)、镗刀、钻头、扩孔钻、铰刀和锯等。

（2）成形刀具：这类刀具的刀刃具有与被加工工件断面相同或接近相同的形状，如成形车刀、成形刨刀、成形铣刀、拉刀、圆锥铰刀和各种螺纹加工刀具等。

（3）特殊刀具：加工一些特殊工件（如齿轮、花键等）用的刀具，如插齿刀、剃齿刀、锥齿轮刨刀和锥齿轮铣刀盘等。

刀具按加工方式和具体用途分为车刀、孔加工刀具、铣刀、拉刀、螺纹刀具、齿轮刀具、自动线及数控机床刀具和磨具等几大类型。

刀具还可以按其他方式进行分类，如按所用材料分为合金工具钢刀具、高速钢刀具、硬质合金刀具、陶瓷刀具、立方氮化硼（CBN）刀具和金刚石刀具等；按结构分为整体刀具、镶片刀具、机夹刀具和复合刀具等；按是否标准化分为标准刀具和非标准刀具等。

五、各种刀具

1. 车刀

车刀的种类有很多，为了加工各种不同的表面或不同的工件，需要采用不同用途的车刀。车刀按用途可分为外圆车刀、端面车刀、镗孔刀、切断刀、螺纹车刀和成形车刀等。车刀按其形状可分为直头、弯头、尖刀、圆弧车刀、左偏刀和右偏刀等。如图9-3 所示为常用车刀的种类。

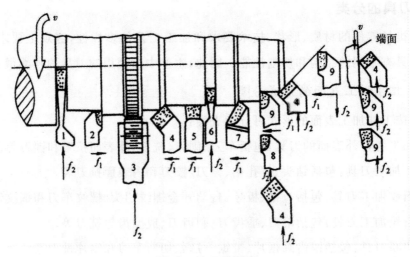

图 9-3　车刀的种类

1—切断刀；2—90°左切偏刀；3—直纹滚花刀；4—45°弯头车刀；5—宽刃光车刀；6—切槽刀

7—75°直头车刀；8—端面90°偏刀；9—90°偏刀；v—主运动；f_1—纵向进给；f_2—横向进给

车刀按其结构的不同，又可分为整体式、焊接式、机夹式和可转位式等四种，如图 9-4 所示。车刀的结构类型特点及用途见表 9-2。

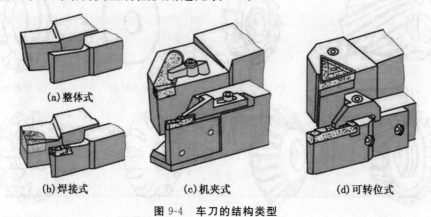

(a) 整体式

(b) 焊接式　　　　　(c) 机夹式　　　　　(d) 可转位式

图 9-4　车刀的结构类型

表 9-2　车刀的结构类型、特点及用途

名　称	特　点	适用场合
整体式	用整体高速钢制造，刃口可以磨得较锋利	小型车床或加工有色金属
焊接式	焊接硬质合金或高速钢刀片，结构紧凑，使用灵活	适用于各类车刀，特别是小刀具
机夹式	避免了焊接产生的应力、裂纹等缺陷，刀杆利用率高，刀片可集中刃磨获得所需参数，使用灵活方便	外圆、端面、镗孔、切断和螺纹车刀等
可转位式	避免了焊接刀的缺点，刀片可快速转位，生产率高，断屑稳定，可使用涂层刀片	大中型车床加工外圆、端面、镗孔，特别适用于自动线、数控机床

2. 铣刀

铣刀是一种用于铣削加工的，具有一个或多个刀齿的旋转多齿切削刀具。工作时各刀齿依次间歇地切去工件的材料，同时参与切削加工的切削刃总长度较长，可以使用较高的切削速度。铣削加工的加工效率高于用单刃刀具的切削加工，但是铣刀的制造和刃磨相对比较困难。

铣刀种类很多，按其安装方式可以分为带孔铣刀和带柄铣刀。

(1) 带孔铣刀。采用孔安装的铣刀称为带孔铣刀，一般适用于卧室铣床。常用的带孔铣刀有圆柱铣刀、圆盘铣刀、角度铣刀和成形铣刀等，如图 9-5 所示。

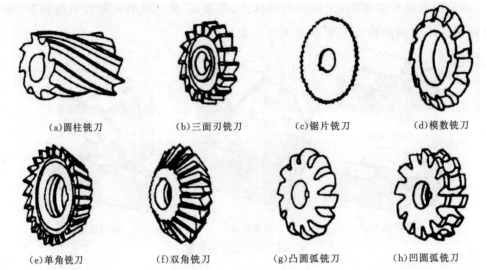

(a)圆柱铣刀　　　(b)三面刃铣刀　　　(c)锯片铣刀　　　(d)模数铣刀

(e)单角铣刀　　　(f)双角铣刀　　　(g)凸圆弧铣刀　　　(h)凹圆弧铣刀

图 9-5　带孔铣刀

　　带孔铣刀一般安装在卧式铣床的长刀杆上,其安装方式如图 9-6 所示,铣刀应尽可能靠近主轴或支架以增加刚性,定位套筒的端面与铣刀的端面必须擦净,以减小安装后铣刀的端面跳动,拉杆的作用是拉紧刀杆,保证其外锥面与主轴锥孔紧密配合。带孔铣刀中的端铣刀,多采用短刀杆安装,如图 9-7 所示。

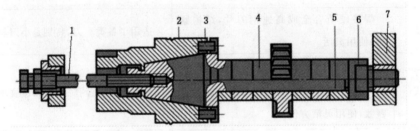

图 9-6　带孔盘铣刀安装

1—拉杆；2—主轴；3—端面键；4—套筒；5—刀杆；6—压紧螺母；7—吊架

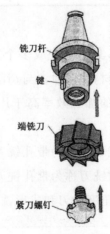

铣刀杆

键

端铣刀

紧刀螺钉

图 9-7 端铣刀的安装

（2）带柄铣刀。采用柄部安装的铣刀称为带柄铣刀。该种铣刀有锥柄和直柄两种形式,多用于立式铣床,如图 9-8 所示。

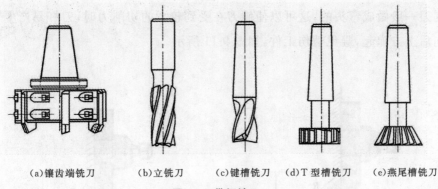

| (a)镶齿端铣刀 | (b)立铣刀 | (c)键槽铣刀 | (d)T 型槽铣刀 | (e)燕尾槽铣刀 |

图 9-8　带柄铣刀

对于锥柄铣刀,如果锥柄尺寸与主轴孔内锥面尺寸相同,则可以直接安装在主轴孔中,并用拉杆将铣刀拉紧,如图 9-9 所示。

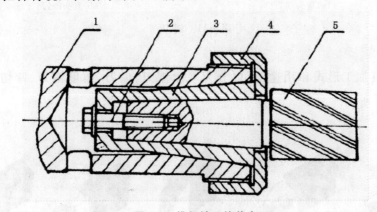

图 9-9　锥柄铣刀的装夹

1—夹头体;2—拉杆;3—过渡套;4—螺帽;5—锥柄铣刀

一般直径小于 20mm 的较小的铣刀做成直柄,多用弹簧夹头安装,铣刀的直柄插入弹簧套的孔中,用螺母压紧弹簧套的端面,如图 9-10 所示。

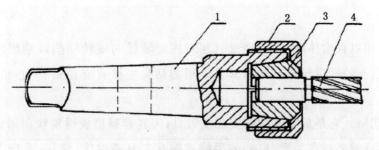

图 9-10　直柄铣刀弹簧夹头装夹

1—夹头体;2—螺母;3—弹簧套;4—直柄铣刀

3.刨刀

刨刀的几何参数与车刀相似,但刀体的横截面积比车刀大,用以承受较大的冲击力。刨刀一般做成弯头的,这可以使刨刀在受到较大的切削力时,刀杆易产生弯曲变形而向后上方弹起,避免啃伤工件,如图 9-11 所示。

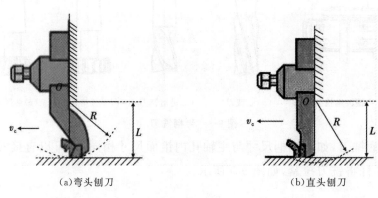

(a)弯头刨刀　　　　　　　　　　　(b)直头刨刀

图 9-11　刨刀

刨刀按其加工形式和用途,可以分为平面刨刀、偏刀、角度偏刀、弯切刀和切刀等,如图 9-12 所示。

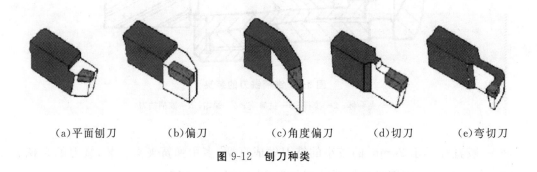

(a)平面刨刀　　(b)偏刀　　(c)角度偏刀　　(d)切刀　　(e)弯切刀

图 9-12　刨刀种类

4.钻头

钻头是用以在实体材料上,通过其相对固定轴线的旋转切削以钻削出通孔或盲孔,并能对已有的孔进行扩孔的刀具。常用的钻头主要有麻花钻、中心钻、扩孔钻和深孔钻等。

(1)麻花钻。它是最常见的孔类加工刀具,因其容屑槽成螺旋状而形似麻花而得名。麻花钻可被夹持在手动、电动的手持式钻孔工具或钻床、铣床、车床乃至加工中心上使用。钻头材料一般为高速工具钢或硬质合金,如图 9-13 所示。

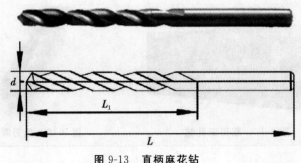

图 9-13　直柄麻花钻

（2）中心钻。它用于孔加工的预制精确定位，引导麻花钻进行孔加工，减少误差。中心钻有二种型式：A 型：不带护锥的中心钻（见图 9-14）；B 型：带护锥的中心钻（见 9-15）。

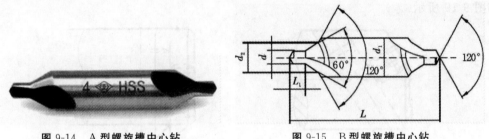

图 9-14　A 型螺旋槽中心钻　　　　图 9-15　B 型螺旋槽中心钻

（3）扩孔钻。它一般用于孔的半精加工或终加工，用于在原有小孔上对孔直径的扩大，也是铰或镗孔前的预加工，有 3 到 4 个刃带，无横刃，前角和后角沿切削刃的变化小，加工时导向效果好，轴向抗力小，切削条件优于钻孔。如图 9-16 所示。

图 9-16　扩孔钻

（4）深孔钻。它是专门用于加工深孔的钻头。在机械深孔钻加工中通常把孔深与孔径之比大于 6 的孔称为深孔，如图 9-17 和图 9-18 所示。

图 9-17　双刃深孔钻

图 9-18　单刃深孔钻

5.镗刀

镗刀可分为单刃镗刀和浮动镗刀两种类型。

(1)单刃镗刀。它由刀杆和刀头组成。单刃镗刀镗孔时,孔的尺寸通过调节镗刀头在刀杆上的径向位置来决定。单刃镗刀一般用于孔的位置精度要求较高的场合,如图 9-19 所示。

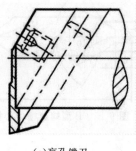

(a)盲孔镗刀

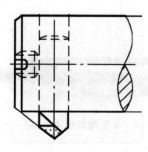

(b)通孔镗刀

图 9-19　单刃镗刀

(2)浮动镗刀。它由浮动镗刀头插在镗杆的矩形孔内组合而成,且两者之间有间隙,无须夹紧,如图 9-20(a)所示。浮动镗刀头由两个镗刀片通过螺钉连接而成,通过调整两个螺钉,可以调整镗刀头的旋转直径,如图 9-20(b)所示。用浮动镗刀镗孔时,镗刀由孔本身定位,因此不能纠正原有的孔轴线偏斜误差,如图 9-20(c)所示。浮动镗刀主要用于成批生产中加工箱体零件上直径较大的孔。

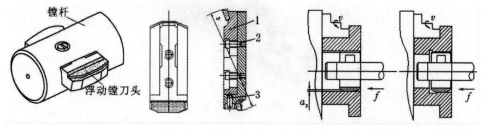

(a)浮动镗刀　　　　　(b)浮动镗刀头　　　　　　(c)浮动镗刀镗孔

图 9-20　浮动镗刀及使用

1—活动刀片;2—螺钉;3—螺钉

6.拉刀

拉刀是用于拉削的成形刀具。其刀具表面上有多排刀齿,各排刀齿的尺寸和形状从切入端至切出端依次增加和变化。拉刀作拉削运动时,每个刀齿就从工件上切下一定厚度的金属,最终得到所要求的尺寸和形状。拉刀按加工表面部位的不同,分为内拉刀和外拉刀;按工作时受力方式的不同,分为拉刀和推刀。

拉刀的种类虽多,但结构组成都类似,如普通圆柱拉刀由头部、颈部、过渡锥部、前导部、切削部、校准部、后导部及尾部组成,如图 9-21 所示。

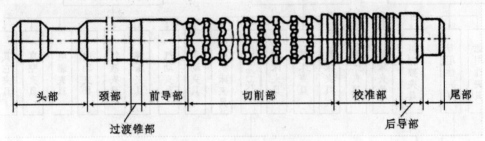

头部　　颈部　　前导部　　切削部　　校准部　　尾部

过渡锥部　　　　　　　　　　　后导部

图 9-21　圆孔拉刀的结构

第二节　夹　　具

在机械制造中能迅速把工件固定在准确位置或同时能确定加工工具的位置,以接受加工或检测的一种辅助装置统称为夹具。

在机床上加工工件时,为使工件的表面能达到图纸规定的尺寸、几何形状以及与其他表面的相互位置精度等技术要求,加工前必须将工件装好(定位)、夹紧。夹具通常由定位元件(确定工件在夹具中的正确位置)、夹紧装置、对刀引导元件(确定刀具与工件的相对位置或导引刀具方向)、分度装置(使工件在一次安装中能完成数个工位的加工,有回转分度装置和直线移动分度装置两类)、连接元件以及夹具体(夹具底座)等组成。

一、夹具的作用

使工件在夹具中占有准确的加工位置,这是通过工件各定位面与夹具的相应定位元件的定位工作面(定位元件上起定位作用的表面)接触、配合或对准来实现的。

使刀具相对有关的定位元件的定位工作面调整到准确位置,这就保证了刀具在工件上加工出的表面对工件定位基准的位置尺寸。

(1)保证稳定可靠地达到各项加工精度要求。

(2)缩短加工工时,提高劳动生产率,降低生产成本。

(3)减轻工人劳动强度,可由较低技术等级的工人进行加工。

(4)能扩大机床工艺范围。

二、夹具的分类

机床夹具的种类很多,按照不同的种类可以划分不同的类型,如图 9-22 所示。

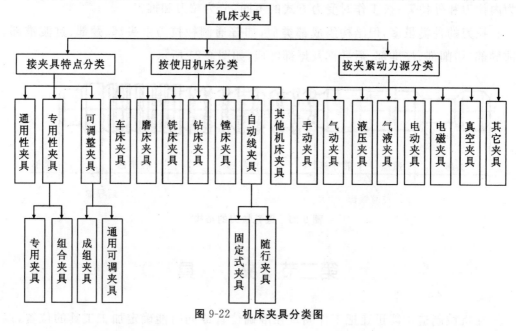

图 9-22　机床夹具分类图

1.按机床种类分类

夹具按机床种类分类可分为车床夹具(见图 9-23)、铣床夹具(见图 9-24)、钻床夹具(见 9-25)、镗床夹具(见 9-26)、磨床夹具和齿轮机床夹具等。

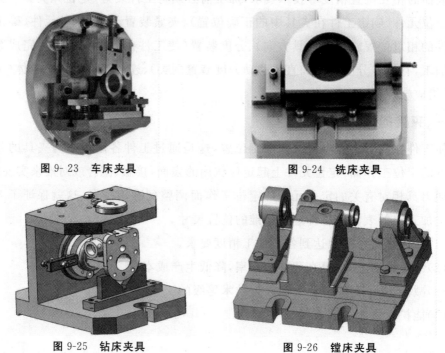

图 9-23　车床夹具　　　　　　　　图 9-24　铣床夹具

图 9-25　钻床夹具　　　　　　　　图 9-26　镗床夹具

2.按机床夹具所采用的夹紧动力源分类

夹具按所采用的夹紧动力源分类可分为手动夹具、气动夹具、液压夹具、电动夹具、电磁夹具和真空夹具等。

3.按机床夹具结构与零部件的通用性程度分类

夹具按结构与零部件的通用性程度分类可分为机床通用夹具（见图9-27至图9-31）、专用夹具、组合夹具（见图9-32）、成组夹具、随行夹具等。

图 9-27　通用三爪卡盘

图 9-28　通用四爪卡盘

图 9-29　通用万向平口钳

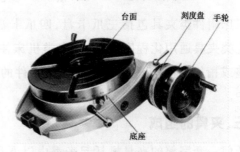

图 9-30　通用回转工作台

图 9-31　通用分度头

专为加工某个零件的某道工序而设计的夹具，称为专用夹具，其结构和零部件都没有通用性，一般不能用于装夹其他零件。专用夹具结构紧凑、操作方便、生产效率较高、加工精度容易保证，一般用于定型产品的成批和大量生产。

组合夹具的零部件通用性好，在使用时可用来组装成各种不同的夹具。但一经组装成一个夹具以后,只适用于某个工件的某道工序的加工。

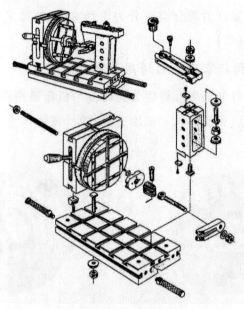

图 9-32　组合夹具

机床附件类夹具包括三爪卡盘、四爪卡盘、机用虎钳、万能分度头、电磁工作台等。此类夹具通用化程度高,可供多类机床使用,其最大特点是通用性强,使用时无需调整或稍加调整,可适用于多种类型工件的装夹,因而被广泛应用于单件和小批量生产中。

三、夹具的组成

任何一套完整的夹具概括起来都由以下几个部分组成,如图 9-33 所示。

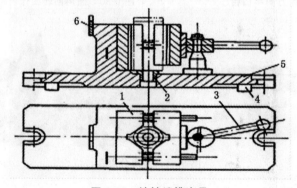

图 9-33　铣轴端槽夹具

1— V 型块;2—支撑套;3—手柄;4—定向键;5—夹具体;6—对刀块

1.定位元件

定位元件用于确定工件在夹具中的位置。

2.夹紧装置

夹紧装置用于夹紧工件,对于非手动夹紧夹具,夹紧动力源也是夹紧装置的一部分。

3.夹具体

夹具体用于将夹具上的各种元件和装置连接成一个有机的整体。夹具体是夹具的基础件。

4.对刀、引导元件或装置

对刀、引导元件或装置用于确定刀具相对夹具定位元件的位置。

5.连接元件

连接元件用于确定夹具本身在机床工作台或主轴上的位置。

6.其他元件及装置

其他元件及装置包括用于分度的分度元件、用于自动上下料的上下料装置等。

其中,定位元件、夹紧装置和夹具体是夹具的基本组成部分。

第三节　量　　具

量具是实物量具的简称,它是一种在使用时具有固定形态、用以复现或提供给定量的一个或多个已知量值的器具。

1.实物类量具

按照标准直接与实物去比较,此类量具叫实物类量具。

(1)量块。量块对长度测量仪器、卡尺等量具进行检定和调整,一般分0级、1级、2级、3级,其中0级精度最高,如图9-34所示。

图9-34　量块

图9-35　圆孔塞规

(2)塞规。塞规对孔径和内螺纹进行检定,常用的有圆孔塞规和螺纹塞规。圆孔塞规做成圆柱形状,两端分别为通规和止规,用来检测孔的直径,如图 9-35 所示。螺纹塞规做成外螺纹形状,两端分别为通规和止规,用来检测内螺纹尺寸,如图 9-36 所示。

图 9-36　螺纹塞规

(3)塞尺(厚薄规)。塞尺是由一组具有不同厚度级差的薄钢片组成的量规,主要用于间隙间距的测量,如图 9-37 所示。

(4) R 规。R 规主要用来测量 R 角,如图 9-38 所示。

(5)卡规。卡规主要用来测量厚度、直径等尺寸,如图 9-39 所示。

图 9-37　塞尺

图 9-38　R 规

图 9-39　卡规

(6)环规。环规主要用来对轴径和外螺纹进行检定,常用的有光环规(见图 9-40)和螺纹环规(见图 9-41)。

图 9-40　光环规

图 9-41　螺纹环规

2.卡尺类量具

卡尺类量具是直接测量线性尺寸的量具。

(1)游标卡尺。游标卡尺是最常用、使用最方便的量具,在加工现场使用频率最高,可测量物体的内径、外径、长度和深度等,如图9-42所示。

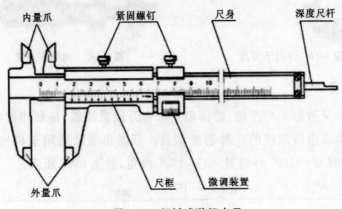

图9-42　机械式游标卡尺

(2)深度游标卡尺。深度游标卡尺主要测量工件的深度尺寸,如测量阶梯的长度、槽深和不通孔的深度等,如图9-43所示。

(3)高度游标卡尺。高度游标卡尺主要测量工件的高度,另外还经常用于测量形状和位置公差尺寸,有时也用于划线,如图9-44所示。

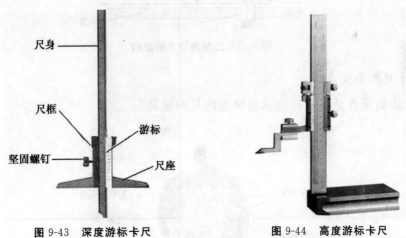

图9-43　深度游标卡尺　　　　　图9-44　高度游标卡尺

3.千分尺类量具

千分尺类量具也叫螺旋测微仪,主要用于测量内外径,及精确度比较高的尺寸,允许误差值为±0.01mm。

(1)外径千分尺。它是比游标卡尺更精密的长度测量仪器,精度为0.01mm,加上估读的1位,可读取到小数点后第3位(千分位),故称千分尺,如图9-45所示。

（2）内径千分尺。内径千分尺是测量螺杆在螺母中旋转一周,螺杆便沿着旋转轴线方向前进或后退一个螺距的距离的量具。因此,沿轴线方向移动的微小距离,就能用圆周上的读数表示出来,如图 9-46 所示。

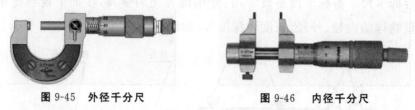

图 9-45 外径千分尺   图 9-46 内径千分尺

4.角度类量具

万能角度尺又被称为角度规、游标角度尺和万能量角器,是利用游标读数原理来直接测量工件角或进行划线的一种角度量具。万能角度尺适用于机械加工中的内、外角度测量,可测 0°～320° 外角及 40°～130° 内角,如图 9-47 所示。

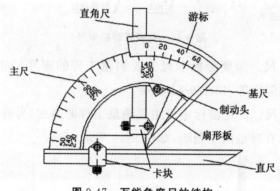

图 9-47 万能角度尺的结构

5.指示表类量具

指示表类量具是以指针指示出测量结果的量具。

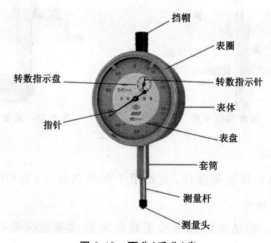

图 9-48 百分(千分)表

（1）百分（千分）表。它是车间生产加工过程中经常要用到的测量工具，主要用于测量工件的形状和位置误差。它们的结构原理没有什么大的不同，就是千分表的读数精度比较高，即千分表的读数值为 0.001mm，而百分表的读数值为 0.01mm，如图 9-48 所示。

（2）杠杆百分（千分）表。它又被称为杠杆表或靠表，是利用杠杆-齿轮传动机构或者杠杆-螺旋传动机构，将尺寸转化为指针角位移，并指示出长度尺寸数值的计量器具，用于测量工件几何形状误差和相互位置正确性，并可用比较法测量长度，如图 9-49 所示。

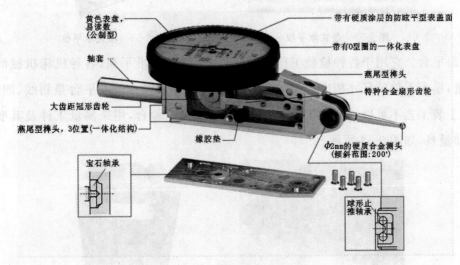

图 9-49　杠杆百分（千分）表

（3）内径百分（千分）表。它用于测量工件的内径尺寸，测量孔径，孔径向的最小尺寸为其直径；用于测量平面间的尺寸，任意方向内均最小的尺寸为平面间的测量尺寸。百分表测量读数加上零位尺寸即为测量数据，如图 9-50、图 9-51 所示。

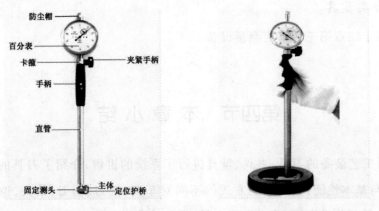

图 9-50　内径百分（千分）表　　图 9-51　内径百分（千分）表的使用

6.形位误差类量具

(1)水平仪。它用来测量工件表面相对水平位置的倾斜度,也可测量各种机床导轨平面度误差、平行度误差和直线度误差等,还可校正安装设备时的水平位置和垂直度。常用的水平仪包括条式水平仪和框式水平仪等,如图 9-52、图 9-53 所示。

图 9-52　条式水平仪　　　　　　图 9-53　框式水平仪

(2)平台。它用于各种检验工作,如精密测量用的基准平面,各种机床机械的检验测量,检查零件的尺寸精度、形位偏差,并作出精密划线。铸铁平台是划线、测量、铆焊、工装工艺不可以缺少的工作台,也可以做机械试验台,用来测量工件及其变形的辅助量具,如图 9-54 所示。

图 9-54　平台　　　　　　　　　图 9-55　方箱

(3)方箱。它用于零部件平行度、垂直度的检验和划线,万能方箱用于检验或划精密工件的任意角度线,如图 9-55 所示。

7.综合类量具

详见第十二章第三节精密测量设备。

第四节　本 章 小 结

本章对工艺装备的刀具、夹具、量具进行了系统的讲解;介绍了刀具的原理,材料选择、分类与基本性能,按照加工方式的不同对车刀、铣刀、刨刀、钻头、镗刀、拉刀等常用刀具进行了分类讲解;并对常用夹具、量具的分类与选用进行了介绍。

思考题

1.刀具切削加工的原理是怎样的？

2.刀具切削形成的切屑类型有哪些？形成条件分别是什么？

3.刀具材料应具备的性能有哪些？

4.车刀的结构、类型可分为哪几类？其特点和用途分别是什么？

5.按照安装方式，可以将铣刀分为哪几类？

6.拉刀结构有哪些组成？

7.夹具的作用是什么？其常用分类是怎样的？

第十章　典型零件加工工艺

第一节　曲轴加工工艺

一、曲轴工艺要求

曲轴是发动机中最重要的和承受负荷最大的零件之一。曲轴主要由三个部分组成——曲轴前端、曲拐（包括主轴颈、连杆轴颈和曲柄）及曲轴后端，如图 10-1 所示。曲轴上曲拐数目与气缸的数目、气缸的排列方式有关。

主轴颈安装在缸体上。连杆颈与连杆大头孔连接，连杆小头孔与汽缸活塞连接，由此组成一个典型的曲柄滑块机构，可以将活塞的往复运动通过连杆变成曲轴的回转运动，进而驱动变速箱等传动机构以及发动机上其他附件，如配气机构、风扇、水泵、发电机等。

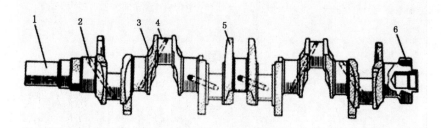

图 10-1　整体式曲轴

1—曲轴前端；2—主轴颈；3—曲柄；4—连杆轴颈；5—平衡重；6—曲轴后端

曲轴在工作时承受的载荷情况非常复杂，它不但承受着周期性的弯曲力矩和扭转力矩，还同时承受扭转振动的附加应力的作用。此外，发动机转速不断提高，压力不断增加，曲轴的各轴颈要在很高的压力下高速转动，因此要求曲轴有足够的强度和刚度，有较好的耐磨性、耐疲劳性及冲击韧性，工作均匀、平衡性好。

在每个轴颈表面上都开有油孔，以便将机油引入或引出，用以润滑轴颈表面。为减少应力集中，主轴颈、曲柄销与曲柄臂的连接处都采用过渡圆弧连接。

二、曲轴坯料与毛坯制备

制造曲轴毛坯一般采用锻钢、正火态球墨铸铁(简称"球铁")和铸态球墨铸铁等。

铸态球墨铸铁曲轴与锻钢曲轴相比,具有不需大型锻压设备、生产工艺简便,使用性能好,节约钢材、成本低等一系列优点。此外,锻钢曲轴试制情况表明,仍存在着热处理变形较大和校正回弹变形较大等关键技术问题。

铸态球墨铸铁曲轴和正火态球墨铸铁曲轴相比,由于取消了热处理工序,铸件变形较小(摆差≤2.5 mm),硬度较低(<295 HBS),加工性能大为改善(加工余量由6~8mm降低至3~4 mm),可以适应流水线生产多刀切削的工艺要求,同时还降低了成本。

目前球铁曲轴毛坯采用高压造型工艺生产,因采用较高碳当量和稀土镁联合处理,同样浇铸温度下流动性比镁球铁高30%以上,含铜的比不含铜的又提高10%,收缩倾向大为减小,夹渣物大为减少,即在高压造型快浇快冷条件下,曲轴极少出现缩松、缩孔。

铸态含铜球墨铸铁曲轴的机械性能如下:

抗拉强度 $\sigma_b = 0.65 \sim 0.75 \text{GPa}$;

延伸曲率度 $\delta = 3\% \sim 5\%$;

抗冲击韧性 $\alpha_k = 0.2 \sim 0.4 \text{MJ/m}^2$;

疲劳强度 $\sigma_{-1} = 0.075 \text{GPa}$。

三、曲轴机械加工工艺流程

曲轴的加工在中国一拖铸锻有限公司曲轴加工线进行,其主要工艺流程见表10-1。

表 10-1 曲轴主要加工工艺流程

工序号	工序名称	工艺简图	设备
0	毛坯检查		检验台
5	粗精铣两端面并锪轴承孔		铣端面锪轴承孔组机

工序号	工序名称	工艺简图	设备
5J	检验		检验台
10	钻质量 中心孔		质量定心机
15	粗车皮带轮 轴径外圆		普通车床

工序号	工序名称	工艺简图	设备
20	车止推颈及法兰轴径		数控车床
25	车小头轴径及第1主轴颈		数控车床
30	钻、扩、铰法兰端面销孔		卧式转塔头钻、扩、铰组机
32	打曲轴标识		气动打标机

工序号	工序名称	工艺简图	设备
35	铣2、3、5主轴颈和全部连杆颈		曲轴专用铣床
40	校直（按需要进行）		液压机床
45J	中间检查		
85	锪斜油孔口平面		锪面数控专机

工序号	工序名称	工艺简图	设备
95	钻1、4缸斜油孔	K—K(1.4主轴颈截面)	深孔数控专机
100	钻2、3缸斜油孔	K—K(2.3主轴颈截面)	深孔数控专机
115	钻1、4缸主轴颈直油孔	K—K	卧式双面6轴组机

工序号	工序名称	工艺简图	设备
120	钻2、3缸主轴颈直油孔		卧式双面6轴组机
125	直斜油孔口锪圆角		油孔口倒角机
185	半精磨两端主轴颈		半自动曲轴主轴颈磨床

工序号	工序名称	工艺简图	设备
190	精车小头端面及镗轴承孔		数控车床
195	精磨法兰外圆		半自动端面外圆磨床
205	精磨连杆颈（质量控制点）		曲轴连杆颈精磨床
210	精磨齿轮轴颈		半自动端面外圆磨床

工序号	工序名称	工艺简图	设备
215	精磨主轴颈（质量控制点）		曲轴主轴颈精磨床
220	精磨皮带轴颈		半自动端面外圆磨床
225	精镗销子孔及抛光油孔口		卧式组合铣、镗床
230	钻法兰端面螺纹底孔及钻、锪、扩启动爪螺纹底孔		卧式双面双工位组合机床

工序号	工序名称	工艺简图	设备
235	复合扩法兰端面螺纹底孔及沉孔		卧式双工位组合机床
240	攻法兰端面螺孔及启动爪螺孔		卧式双面攻丝机
245	铣半圆键槽		组合铣床
250	镗轴承孔及精车法兰端面		数控车床

工序号	工序名称	工艺简图	设备
255	砂带抛光		曲轴专用 砂带抛光机
260	磁粉探伤 及退磁		探伤机
265	动平衡检验 与去重		动平衡去重 专用机床
280J	最终检验		曲轴综合测量仪

第二节　连杆加工工艺

一、连杆工艺要求

连杆用来连接活塞和曲轴,并将活塞所受作用力传给曲轴,将活塞的往复运动转变为曲轴的旋转运动。

连杆体由三部分构成:与活塞销连接的部分称连杆小头,与曲轴连接的部分称连杆大头,连接小头与大头的杆部称连杆杆身,如图 10-2 所示。

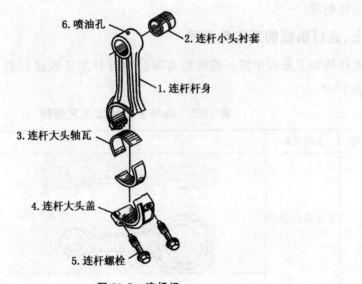

图 10-2　连杆组

连杆小头多为薄壁圆环形结构,为减少与活塞销之间的磨损,在小头孔内压入薄壁青铜衬套。在小头和衬套上钻孔或铣槽,以使飞溅的油沫进入润滑衬套与活塞销的配合表面。

连杆杆身是一个长杆件,在工作中受力也较大,为防止其弯曲变形,杆身必须要具有足够的刚度。为此,发动机的连杆杆身大都采用工形断面,工形断面可以在刚度与强度都足够的情况下使质量最小,高强化发动机有采用 H 形断面的。为避免应力集中,连杆杆身与小头、大头连接处均采用大圆弧光滑过渡。

连杆组由连杆体、连杆大头盖、连杆小头衬套、连杆大头轴瓦和连杆螺栓(或螺钉)等组成(见图 10-2)。连杆组承受活塞销传来的气体作用力及其本身摆动和活塞组往复惯性力的作用,这些力的大小和方向都是周期性变化的。因此连杆受到压缩、拉伸等交变载荷作用。连杆必须有足够的疲劳强度和结构刚度。疲劳强度不足,往往会造成连杆体或连杆螺栓断裂,进而产生整机破坏的重大事故。若刚度不足,则会造成杆体弯曲变形及连杆大头的变形,导致活塞、汽缸、轴承和曲柄销等的偏磨。

二、连杆坯料与毛坯制备

发动机连杆的材料一般为 45 钢(碳的质量分数为 $0.42\%\sim0.47\%$)或 40Cr、35CrMo,并经调质处理,以提高其强度及抗冲击能力。有些工厂也采用球墨铸铁制造连杆。

钢制连杆一般采用锻造。在单件小批生产时,采用自由锻造或简单的胎模进行锻造。模锻一般分两个工序进行,即初锻和终锻,通常在切边后进行热校正。模锻生产率高,但需要较大的锻造设备。中、小型的连杆,其大、小头的端面常进行精压,以提高毛坯精度。

三、连杆机械加工工艺流程

连杆的加工是在中国一拖铸锻有限公司连杆加工线进行的,其主要加工工艺流程见表 10-2。

表 10-2　连杆主要加工工艺流程

工序号	工序名称	工艺简图	设备
0	毛坯厚度分组	I、39 ~39.7 II、39.7~40.4 III、40.4~41.2	检验台
5	粗铣两端面	6.3	双轴立式转台铣床
10	粗磨两端面	1.6 0.04/100	半自动双头立轴圆台平面磨床

工序号	工序名称	工艺简图	设备
15	拉大小头侧定位面、小头定位面		立式拉床
20	钻小头孔、去毛刺		立式钻床
25	镗大头孔、中圆及小头孔		立式6轴数控专用镗床
30	小头孔倒角、去毛刺		立式钻床
30J	检验		检验台

工序号	工序名称	工艺简图	设备
40	拉连杆各面	工步一：（第一滑台，右工位，半切开，拉大头去重面）	
45	清洗并吹净零件		清洗机
48	粗镗大头连杆孔		立式四轴镗床
50	打印配对号	在连杆体、连杆盖此位置打印相同的配对号，编号从001-999，超过999时从001重新开始。	气动打标机

工序号	工序名称	工艺简图	设备
50J	检验		检验台
55	铣连杆盖螺栓左面螺纹出孔平台		卧式单面6轴铣床
60	加工螺栓孔、螺纹孔		卧式五工位连杆钻铰、攻丝组机
62	连杆盖孔口倒角		台式钻床
65	分开面去毛刺		钳工台

工序号	工序名称	工艺简图	设备
70	清洗并吹净螺孔铁屑		清洗机
70J	检验		检验台
75	装配连杆体、连杆盖		定扭矩拧紧机
80	钻铰定位销孔		立式钻床
90	精磨连杆两端面		双端面磨床
95	半精镗大头孔		立式4轴镗床

工序号	工序名称	工艺简图	设备
100	大头孔两端 倒角		立式钻床
110	钻小头油孔、 去毛刺		立式钻床
113	装配定位销		钳工台
115	镗车两端面 落差并 去毛刺		卧式双面 镗车组机

工序号	工序名称	工艺简图	设备
120	半精镗大头孔、精镗小头底孔		卧式双面金刚镗床
125	倒角去毛刺		立式钻床
135	磁力探伤并退磁		磁力探伤机
140	清洗并吹净零件		清洗机
145	抛光倒角		立式钻床
150	压装小头衬套		立式压床
155	称重、去重、分组		半自动称重、修正重量分组机
160	去毛刺		钳工台

工序号	工序名称	工艺简图	设备
162	精镗大头孔及小头衬套孔		卧式双面精镗床
162J	检验		检验台
165	小头孔滚光		立式钻床
170	珩磨大头孔		立式单轴珩磨机
180	清洗并吹净零件		清洗机
180J	综合检验		检验台

工序号	工序名称	工艺简图	设备
185	拆开连杆体和连杆盖		卸螺栓装置
190	铣轴瓦锁口槽		卧式铣床
195	去毛刺		钳工台
195J	综合检验		检验台
200	合装连杆		

第三节　缸盖加工工艺

一、缸盖工艺要求

缸盖安装在缸体的上面,从上部密封气缸并构成燃烧室。它经常与高温高压燃气相接触,因此承受很大的热负荷和机械负荷。水冷发动机的缸盖内部制有冷却水道,缸盖下端面的冷却水孔与缸体的冷却水孔相通,利用循环水来冷却燃烧室等高温部分。

　　缸盖上装有进、排气门座,气门导管孔,用于安装进、排气门,还有进气通道和排气通道等。汽油机的缸盖上加工有安装火花塞的孔,而柴油机的缸盖上加工有安装喷油器的孔。顶置凸轮轴式发动机的缸盖上还加工有凸轮轴轴承孔,用以安装凸轮轴。

　　发动机缸盖是发动机中最关键零件之一,其精度要求高,加工工艺复杂,加工的质量直接影响发动机的整体性能和质量,因此,发动机缸盖的加工特别重要,其关键部位气门座圈和导管孔的加工更是重中之重,如图10-3所示。

图10-3　发动机缸盖

　　发动机的进、排气门座圈是控制燃气吸入与废气排出的重要工作部件,其在工作过程中将在高温下经受气流的冲蚀和气门的冲击磨擦,工作条件十分恶劣。正常工作时,气门座圈长期处于600～800℃的高温下,高温气体腐蚀和零件变形等因素都会造成气门导管和座圈锥面破损加剧,致使气门密封不严,大量能量随着高温气体的排出而白白浪费,从而大大降低发动机的功率。因此,气门座圈和导管孔应具有良好的高温耐磨性、耐蚀性、传热性和高温强度、抗高温蠕变性能以及与缸盖匹配的热膨胀系数。同时,发动机工作时若气门中心与气门座圈中心偏离过大,在发动机功率下降、油耗上升的同时,还将加快气门和导管孔的磨损。因此,气门座圈和导管孔的加工精度,特别是气门座圈工作锥面对导管孔的跳动规定了严格的公差限制。

　　发动机缸盖气门座圈和导管孔的加工精度一般要求为:汽油发动机的同轴度公差为0.015～0.025mm,而柴油机则仅为0.01～0.015mm,锥面跳动公差为0.03～0.05mm,孔精度等级一般为H7级。

　　缸盖是燃烧室的组成部分,燃烧室的形状对发动机的工作影响很大,由于汽油机和柴油机的燃烧方式不同,其缸盖上组成燃烧室的部分差别较大。汽油机的燃烧室主要在缸盖上,而柴油机的燃烧室主要在活塞顶部的凹坑。

　　缸盖一般采用灰铸铁、合金铸铁或铝合金铸成,铝合金的导热性好,有利于提高压缩比。

二、缸盖机械加工工艺流程

缸盖的加工是在中国一拖柴油机有限公司缸盖加工线进行的,其主要工艺流程见表 10-3。

表 10-3　缸盖主要加工工艺流程

工序号	工序名称	工艺简图	设备
0J-1	毛坯检查	毛坯尺寸及外观检查	在工作地点
05	粗铣顶面		立式单轴组合铣床
10	翻转零件	将零件翻转 180°,使其底面向上,后端面向前	翻转装置
15	粗铣底面		立式单轴组合铣床
20	翻转零件	将零件翻转 180°,使其顶面向上,后端面向前	翻转装置
25	粗铣顶面		立式单轴组合铣床
30	翻转零件	将零件翻转 180°,使其底面向上,后端面向前	翻转装置
35	钻铰两个定位销孔,四个工艺定位销孔并倒角		立式单面双工位 24 轴钻铰定位销孔组机

工序号	工序名称	工艺简图	设备
40	翻转零件	将零件翻转180°,使其顶面向上,后端面向前	翻转装置
45	粗、精铣前端面,粗铣后端面		卧式双面3轴组合铣床
55	粗、精铣两侧面		卧式双面4轴组合铣床
60	前端面钻孔倒角,后端面扩孔		卧式双面11轴钻扩组合机床
65	前端面攻丝,后端面镗孔		卧式双面攻丝、镗孔11轴组合机床
75	顶面扩水堵孔,钻NPT1/2底孔,右侧面钻斜孔		立斜式双面14轴扩钻组合机床

工序号	工序名称	工艺简图	设备
80	顶面铰水堵孔,右侧面铰斜孔		立斜式双面12轴铰孔组合机床
85	两侧面钻孔,倒角及左侧面镗水堵孔		卧式双面25轴组合钻镗床
90	顶面钻油孔		立卧双面3轴钻床
90J-2	检验		在工作地点
95	顶面钻气门导管底孔,底面扩进排气门座圆孔		卧式双面16轴钻扩组合钻床

工序号	工序名称	工艺简图	设备
100	顶面锪气门弹簧座孔，底面钻推杆孔（2°）		卧斜式双面16轴组合钻床
105	顶、底面钻螺柱孔		卧式双面40轴组合钻床
107	翻转震动倒屑	翻转、震动零件，清理内腔砂屑	电动翻转震动装置
110	顶面钻喷油嘴孔，底面进气门孔口倒角及刀具检查		卧斜式双面5轴数控专机
115	顶面扩喷油嘴大孔、钻小孔，底面排气门孔口倒角及刀具检查		卧斜式双面5轴数控专机
125	顶面钻斜油孔，底面钻直油孔、J孔及喷油嘴孔口倒角		卧式双面10轴组合钻床

工序号	工序名称	工艺简图	设备
130	顶面钻、扩摇臂轴座孔		卧式双面22轴组合钻床
140	精铣底面		立式单轴组合铣床
150	顶面镗喷油嘴大孔、密封圈孔及喷油嘴孔攻丝		立式加工中心
155	顶面复合扩喷油嘴大、小孔，底面复合半精镗进气门导管底孔及进气门座孔		卧斜式双面5轴数控专机
160	顶面复合铰喷油嘴大、小孔，底面复合半精镗排气门导管底孔及排气门座孔		卧斜式双面5轴数控专机
162	翻转震动倒屑	翻转、震动零件,清理内腔砂屑	电动翻转震动装置

工序号	工序名称	工艺简图	设备
165	顶面喷油嘴锪台肩、钻螺纹底孔及攻丝、倒角		立式加工中心
165J-3	检验		在工作地点
180	顶面及左、右侧面攻丝		立卧三门3轴攻丝机
190	翻转震动倒屑	翻转、震动零件,清理内腔砂屑	电动翻转震动装置
195	清洗、吹干零件	清洗并吹净烘干零件	缸盖专用清洗机
200	压喷油器套		斜式4轴压套机

工序号	工序名称	工艺简图	设备
205	打入堵盖		人工压入
210	清洗、吹干零件	清洗并吹净烘干零件	缸盖专用清洗机
215	翻转零件	将零件翻转180°，使其底面向上，后端面向前	翻转装置
220	复合精铰进气门座孔和导管底孔，锪进气门座止口		立式加工中心
225	水道检通		水道检通机
230	复合精铰排气门座孔和导管底孔，锪排气门座止口		立式加工中心

工序号	工序名称	工艺简图	设备
235	清洗、吹干零件	清洗并吹净烘干零件	缸盖专用清洗机
235J-4	检验	E-E Ø45　Ø39 11 Ø16　Ø16	在工作地点
245	压进、排气门座圈	R010102Y　R010103	液压机及冷冻压座装置
250	压气门导管	37±0.5　R010104BFE	液压机
255	锪进气门座圈锥面,枪铰导管孔	C-C Ø42　60° 3.53±0.1 Ø9.5　1.6　Ⓜ	立式加工中心

159

续表

工序号	工序名称	工艺简图	设备
260	锪排气门座圈锥面,枪铰导管孔	$\dfrac{C-C}{4处}$ $\varnothing35.6$ $45°$ 3.49 ± 0.1 $\varnothing9.5_0^{+0.019}$	立式加工中心
265	清洗吹净	清洗并吹净烘干零件	缸盖专用清洗机
270	翻转零件	将零件翻转180°,使顶面向上,后端朝前	翻转装置
270J-5	检验	$\dfrac{E-E}{4处}$ $\varnothing42$ $\varnothing35.6$ $60°$ $45°$ 37 ± 0.5 3.53 ± 0.1 3.49 ± 0.1 $\varnothing9.5_0^{+0.019}$ $\varnothing9.5_0^{+0.019}$	在工作地点

第四节 凸轮轴加工工艺

一、凸轮轴工艺要求

凸轮轴的作用是控制气门的开启和闭合动作,由于气门的运动规律关系到一台发动机的动力和运转特性,因此凸轮轴设计在发动机的设计过程中占据着十分重要的地位,如图 10-4 所示。

图 10-4 凸轮轴

凸轮轴的主体是一根与气缸组长度近似相同的圆柱形棒体。上面套有若干个凸轮,用于驱动气门。凸轮轴是通过凸轮轴轴颈支撑在凸轮轴轴承孔内的,因此凸轮轴轴颈数目的多少是影响凸轮轴支撑刚度的重要因素。如果凸轮轴刚度不足,工作时将发生弯曲变形,影响配气定时。

凸轮的横截面形状为桃形。其设计的目的在于保证气缸充分地进气和排气。另外考虑到发动机的耐久性和运转的平顺性,气门也不能因开闭动作中的加减速过程产生过多过大的冲击,否则就会造成气门的严重磨损、噪声增加或是其他严重后果。因此,凸轮和发动机的功率、扭矩输出以及运转的平顺性有很直接的关系。

在四冲程发动机里凸轮轴的转速是曲轴的一半,在二冲程发动机中凸轮轴的转速与曲轴相同,转速很高,而且需要承受很大的扭矩,因此设计中对凸轮轴在强度和支撑方面的要求很高。凸轮轴承受周期性的冲击载荷,凸轮与挺柱之间的接触应力很大,相对滑动速度也很高,凸轮工作表面的磨损比较严重,因此凸轮轴轴颈和凸轮工作表面除了应该有较高的尺寸精度、较小的表面粗糙度和足够的刚度外,还应有较高的耐磨性和良好的润滑。

凸轮轴的材质一般是由优质碳钢或合金钢锻造,也可用合金铸铁或球墨铸铁铸造,轴颈和凸轮工作表面经热处理后磨光。

二、凸轮轴机械加工工艺流程

凸轮轴的加工是在中国一拖柴油机有限公司凸轮轴加工线进行的,其主要工艺流程见表10-4。

表 10-4 凸轮轴主要加工工艺流程

工序号	工序名称	工艺简图	设备
0	毛坯检查		检验台
5	铣端面 打中心孔		铣端面 打中心孔组机
15	车齿轮轴颈及 其余各支承 轴颈		数控车床

工序号	工序名称	工艺简图	设备
20	车开挡		数控车床
30	车末端支承轴颈		液压仿型车床
35	车其余支承轴颈		数控车床
40	钻扩攻螺纹孔及钻铰销孔		摇臂钻床
50	车凸轮外形		凸轮车床

工序号	工序名称	工艺简图	设备
55	车油槽		液压仿形凸轮车床
60	粗磨凸轮外形		数控凸轮轴磨床
65	转热处理工艺		中频淬火机床
75	车两端支承颈倒角		普通车床
80	校直		液压机床
85	修整两端中心孔和车沉割槽		普通车床
90	消除中心孔内的脏物		

工序号	工序名称	工艺简图	设备
95	精磨全部 支承轴颈 （质量控制点）		数控凸轮轴 外圆磨床
100	精磨齿轮安装 轴颈及两 止推面		半自动端面 外圆磨床
105	铣键槽		卧式铣床
110	去毛刺		
115	校直		普通车床
120	精磨全部 凸轮外形		凸轮轴精磨床

工序号	工序名称	工艺简图	设备
130	探伤		磁粉探伤机
135	清洗、吹净		清洗机
140	校直		液压机床
145J	最终检验		检验台

第十一章 装配工艺与实例

第一节 装配基础知识

一、装配概念

任何一台机器,都是由许多零件和部件组成的。按技术要求,将若干个零件和部件组装起来并经过调试,使之成为合格产品的过程称为装配。装配是机械制造的最后阶段。装配工作的质量直接影响产品的工作性能、使用效果和寿命。

装配可分为组合件装配、部件装配和总装配,如图 11-1 所示。

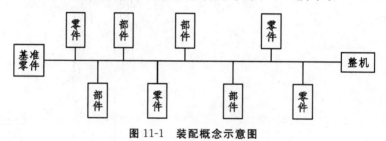

图 11-1 装配概念示意图

二、装配工艺方法

(一)装配精度

机械设备的质量是以其工作性能、使用效果、精度和寿命等指标综合评定的。它主要取决于结构设计的正确性(包括选材、变形、精度的稳定性等问题)、零件加工质量(含热处理)及其装配精度。

装配精度一般包括三个方面:

(1)各部件的相互位置精度:包括同轴度、平行度、垂直度等。

(2)各运动部件之间的相对运动精度:包括直线运动精度、圆周运动精度、传动精度等。如滚齿机上加工齿轮时,滚刀与工件的回转运动应保持严格的速比关系,若传动链的某个环节(如传动齿轮、涡轮副等)产生了运动误差,将会影响被切齿轮的加工精度。

（3）配合表面之间的配合精度和接触质量：配合精度是指配合表面之间达到规定的配合间隙或过盈的接近程度，它直接影响配合的性质。接触质量是指配合表面之间接触面积的大小和分布情况，它主要影响相配零件之间的接触变形的大小，从而影响配合性质的稳定性和寿命。

（二）装配方法

装配精度是机械质量指标中重要的项目之一，是保证机械正常工作性能的必要条件。为达到规定的装配精度常采用的工艺方法有：互换装配法、选择装配法、修配装配法和调整装配法。

1. 互换装配法

互换装配法是采用控制零件加工误差来保证装配精度的工艺方法。根据零件的互换程度不同，又分为完全互换法和不完全互换法。

（1）完全互换法。规定各有关零件公差（组成环公差）之和小于或等于装配公差（封闭环公差）。故在装配时零件完全可以互换而不需要做任何选择、调整和修配就能达到装配精度的要求。

完全互换法装配过程简单、可靠，生产效率高，能满足大批量生产中组织流水作业及自动化装配节拍的要求，实现零、部件的专业协作，备件供应容易解决。因此，拖拉机等机械装配广泛采取此法。

（2）不完全互换法。规定各有关零件公差平方和的平方根小于或等于装配公差。

不完全互换法对零件公差放宽了，放宽后使得大部分零件装配后能达到所要求的装配精度，只有很少一部分零件装配后要超差。这就需要考虑采取补救措施，或经过经济性核算来论证，如因产生废品造成的损失比因零件公差放大而得到的增益要小，就值得采用。

2. 选择装配法

选择装配法是将配合副中各零件仍按经济精度制造，然后选择合适的零件进行装配，以满足装配精度的要求。

选择装配法有三种形式：直接选配法、分组装配法和复合选配法。

（1）直接选配法。装配工人在若干个待装配的零件中，凭经验挑选合适的互换件装配在一起。如为了避免活塞工作时活塞环可能在槽中卡住，装配时凭经验直接选择合适的活塞环装配。

（2）分组装配法。装配前先对互配零件进行测量分组,装配时则按对应的组进行装配。在同一组中零件可以完全互换,满足装配精度要求,故又称为分组互换法。采用分组装配法对零件的加工精度要求不是很高,但却能达到很高的装配精度。

（3）复合选配法。装配前先对零件进行测量分组,装配时再对对应组的零件中凭工人经验直接选配。这种方法吸取了前两种选择装配法的优点,既能达到较高的装配精度,又能较快地选到合适的零件,便于保证生产节奏。在拖拉机的发动机装配中,气缸与活塞的装配大都采取这种方法。

3.修配装配法

修配装配法是在零件上预留修配量,在装配时用手工锉、刮、研等方法修去该零件上的多余部分,达到装配精度要求的方法。由于装配时增加了手工修配工作,劳动量大,也没有一定的节拍,不易组织流水作业,装配的质量往往依赖于工人的技术水平。所以在大批量的拖拉机生产中很少采用。但有些精密部件可在装配前用修配法进行配对,以期不影响装配流水线或自动线的节拍。如柴油机精密部件可使用分组选配再研磨的方法来保证装配精度。

4.调整装配法

调整装配法是用一个可调整的零件,在装配时通过调整它在机器中的位置或增加一个定尺寸零件(如垫片、垫圈、套筒等)来达到装配精度要求。在设备装配中,有的组件所包含零件很多,而且装配精度要求较高,若用互换装配法则零件的加工公差要求高,导致加工很困难甚至无法加工;若用选择装配法则零件多,使分组选择工作相当复杂,也不经济,这时采用调整法较为可行。

三、装配工艺过程

装配工艺过程一般由装配前准备(包括装配前的检验、清洗等)、装配作业(部件装配和总装)、校正(或调试)、检验(或试车)、油封及包装等五个部分组成。

1.装配前的准备工作

在装配工作开始前,应做好如下准备工作。

（1）阅读和分析产品或部件装配图和工艺规程,了解产品结构特点、工作性能,主要零部件的作用及相互配合要求以及技术条件,从而对装配工艺的科学性和合理性作出分析。

（2）确定装配方法、顺序,准备好工具、夹具、量具。

（3）将待装配的零件进行预处理,包括装配前检验、清洗,去毛刺、铁锈、切屑、油污等,特别对油路、气孔、轴承、精密零件、密封件等,更要注意重点清洗,有些还要用压缩空气吹净。预处理对提高装配质量延长零件使用寿命都很有必要。

(4)对某些配件进行预装配(试配),有时还要进行锉配等修配加工;对旋转体进行平衡试验;以及对密封件进行密封试验等。

2.装配作业

结构较复杂机器的装配过程一般分组件装配(组装)、部件装配(部装)和总装配三个过程。

(1)组件装配。按照规定的技术要求,将若干个零件组合成组件的过程,称为组件装配。

(2)部件装配。部件装配是按照规定的技术要求,将若干个零件和组件装配成一个部件的过程,装配好的部件,可以作为一个装配单元直接安装到机器或另外一个部件的基础零件上。

(3)总装配。总装配是按照规定的技术要求,将零件和各个已经装配好的组件、部件装配成一台完整机器的过程。这是整个装配工艺的主要过程,其中包括大量的各种方式连接工作、先配或修配以及配作等(指配钻、配铰、配刮、配磨等)。

3.校正或调试

这是产品总装后期工作,主要是调整零件或机构的相互位置、配合间隙、结合程度等,目的是使机构或机器工作协调。如轴承游隙、镶条位置、涡轮轴向位置的调整等。

4.检验或试车

根据产品要求和技术条件进行总检,主要包括几何精度检验、工作精度检验、外观质量检验和静态检验。试车是试验机构或机器运转的灵活性、振动、工作温升、噪声、各种性能参数(如转速、功率、效率等)是否符合规定。

5.油封、包装

根据产品要求和包装运输技术条件,进行产品油封、喷漆、内外包装等。

四、装配工作的组织形式

装配工作的组织形式因生产类型和产品复杂程度不同而不同,一般分为固定式装配和移动式装配两种。

1.固定式装配

固定式装配是将产品或部件的全部装配工作安排在一个固定的工作地点进行。

在装配过程中产品的位置不变,装配所需要的零件和部件都汇聚在工作地附近,主要应用于单件生产或小批量生产,如图 11-2 所示。

图 11-2　固定式装配

2.移动式装配

移动式装配指工作对象(部件或组件)在装配过程中,有顺序地由一个工人转移到另一个工人。这种转移可以是匹配对象的移动,也可以是工人自身的移动,通常把这种装配组织形式叫流水装配法。移动装配时,常选用传送带、滚道或轨道上行走的小车来运送装配对象,每个工作地点重复地完成固定的工作内容,并且广泛地使用专用设备和专用工具,因而装配质量高、生产效率高、生产成本低,适用于大批量生产,如汽车、拖拉机的装配,如图 11-3 所示。

图 11-3　移动式装配

五、装配工艺规程

装配工艺规程是指导装配工作的主要技术文件之一。它规定产品及部件的装配顺序、装配方法、装配技术要求及检验方法,以及装配所需设备、工具、时间定额等,是提高质量和效率的必须措施,也是组织生产的重要依据。装配工艺规程用工艺卡的形式来表达。

1.装配工艺规程的内容

(1)规定所有零件和部件的装配顺序。

（2）对所有的装配单元和零件规定出既能保证高装配精度，又能保证高生产率和高经济性的装配方法。

（3）划分工序和工步，确定装配工序和工步内容。装配工序是指同一个或一组工人在同一位置，利用同一工具在不改变工作方法的情况下所完成的装配工作。一个装配工序可包括一个或多个装配工步。

（4）确定必需的工人等级和时间定额。

（5）选择装配工作所必须的设备及工艺装备。

（6）制定验收方法和装配的技术条件。

2.编制装配工艺规程的步骤

掌握了充足的原始资料以后，就可以着手编制装配工艺规程。编制步骤一般如下：

（1）分析装配图。通过分析装配图，了解产品的结构特点，即可决定装配的组织形式。

（2）决定装配的组织形式。根据工厂生产规模和产品结构特点，即可决定装配的组织形式。

（3）确定装配顺序。装配顺序基本上是由产品的结构和装配组织形式决定的。产品的装配总是从基准件开始，从零件到部件，从部件到产品；从内到外，从下到上，以不影响下一道工序的进行为原则，有次序地进行。

（4）划分工序。在划分工序时要考虑以下几点：

1）在采用流水线装配形式时，整个装配工艺过程划分为多少道工序，取决于装配节奏的长短。

2）组件的重要部分在装配工序完成后必须加以检查，以保证质量。在重要而又复杂的装配工序中，不易用文字明确表达时，还须画出部件局部的指导性装配图。

3）选择工艺设备应根据产品的结构特点和生产规模，要尽可能选用最先进的工具和设备。

4）确定检查方法，检查方法应根据产品结构特点和生产规模来选择，要尽可能选用先进的检查方法。

5）确定工人技术等级和工时定额，工人技术等级和工时定额一般都根据工厂的实际经验和统计资料及现场实际情况来确定。

6）编写工艺文件，装配工艺技术文件主要是装配工艺卡，有时需要编制更详细的装配工序卡，它包含有完成装配工艺过程所必须的一切资料。

最后要指明，编制的装配工艺规程，在保证装配质量的前提下，必须是生产率最高而又最经济的。所以必须根据实际条件，尽量采用最先进的技术。

第二节　常用连接方法

一、螺纹连接

螺纹连接具有结构简单、连接可靠、装卸方便等优点。螺纹连接包括螺栓连接、双头螺柱连接和螺钉连接等类型,如图 11-4 所示。

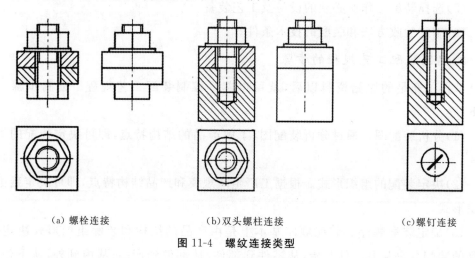

　(a) 螺栓连接　　　　　　　　　(b) 双头螺柱连接　　　　　　　(c) 螺钉连接

图 11-4　螺纹连接类型

1. 螺纹连接工艺

螺纹连接保证有一定的拧紧力矩,为达到连接可靠和紧固的目的,要求纹牙间有一定的摩擦力矩,所以螺纹连接装配时应有一定的拧紧力矩,纹牙间产生足够的预紧力。

2. 拧紧力矩的控制

拧紧力矩或预紧力的大小根据要求确定。一般紧固螺纹连接无预紧力要求,采用普通扳手、气动或电动扳手拧紧。规定预紧力的螺纹连接,常用控制扭矩法(所用工具如图 11-5 所示)、控制扭角法、控制螺栓伸长法保证准确的预紧力。

图 11-5　定扭矩扳手

3.螺纹连接防松装置

螺纹连接一般都会具有自锁性,在静载荷下不会自行松脱。但在冲击、振动或交变载荷作用下,会使纹牙之间正压力突然减少,导致摩擦力矩减小,螺母回转,螺纹连接松动。

为了防止摩擦力矩减小,常用螺纹防松装置有以下几种:

(1)锁紧螺母(双螺母)防松。使用主、副两个螺母,先将主螺母拧紧至预定位置,再拧紧副螺母。主副螺母之间这段螺杆受拉伸长,是主、副螺母分别与螺杆牙形两个侧面接触,都产生正压力和摩擦力,因而起到防松作用,如图11-6所示。

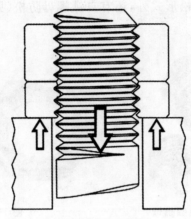

图11-6 双螺母防松示意图

(2)弹簧垫圈防松。

1)普通弹簧垫圈。这种垫圈用弹性较好的材料 65Mn 制成,开有 70°~80°的斜口,并在斜口处上下拨开间距。把弹簧垫圈放在螺母下,当拧紧螺母时,垫圈受压,产生弹力,顶着螺母。从而在螺纹副的接触面间产生摩擦力,防止螺母松动,如图11-7所示。这种防松装置容易刮伤螺母和被连接件表面,弹力分布不均,一般用在不经常拆卸的场合。

2)球面弹簧垫圈。球面弹簧垫圈应用于防止螺纹松动的场合,如图11-8所示。

3)鞍形弹簧垫圈(见图11-9)与波形弹簧垫圈(见图11-10):防松依靠弹力和摩擦力。

图11-7 普通弹簧垫圈

图11-8 球面弹簧垫圈

图 11-9　鞍形弹簧垫圈　　　　　　　　图 11-10　波形弹簧垫圈

除以上常见螺纹防松形式外,还有自锁螺母防松(见图 11-11)、扣紧螺母防松(见图 11-12)等。

图 11-11　内嵌尼龙自锁螺母　　　　　　图 11-12　扣紧螺母

二、销连接

销分为圆柱销、圆锥销和开口销等,如图 11-13 所示。圆柱销和圆锥销可起定位和联接作用。开口销穿过六角开槽螺母上的槽和螺杆上的孔,以防螺母松动,或限定其他零件在装配体中的位置。

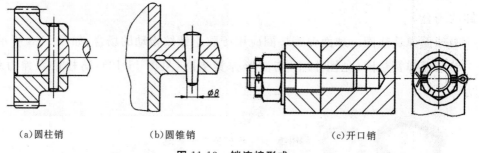

(a)圆柱销　　　　　　　(b)圆锥销　　　　　　　(c)开口销

图 11-13　销连接形式

三、键连接

键用于连接轴和轴上的传动件(齿轮、皮带轮),使轴和传动件一起转动,起传递扭矩的作用,如图 11-14 所示。常用的键有普通平键、普通半圆键和钩头型楔键。

图 11-14　键连接装配示意图

普通平键与固定键的键槽两侧面应均匀接触,其配合面间不得有间隙。间隙配合的键装配后,相对运动的零件沿着轴向移动时,不得有松紧不均现象,如图 11-15 所示。

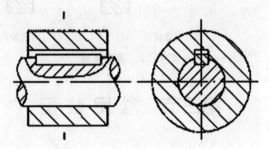

图 11-15　普通平键连接图

钩头键、楔键装配后其接触面积应不小于工作面积的 70％,且不接触部分不得集中于一处;外露部分的长度应为斜面长度的 10％~15％。

四、铆接

铆接是利用轴向力将零件铆钉孔内钉杆墩粗并形成钉头,使多个零件相连接的方法,如图 11-16 所示。

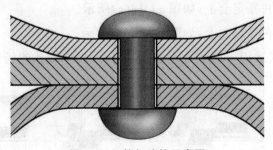

图 11-16　铆钉连接示意图

铆接时不得破坏被铆接零件的表面,也不得使被铆接零件的表面变形。

除有特殊要求外,一般铆接后不得出现松动现象,铆钉的头部必须与被铆接零件紧密接触,并应光滑圆整。

五、紧定连接

紧定螺钉又称为支头螺丝、定位螺丝,是一种专用固定机件相对位置用的螺钉,如图 11-17 所示。锥端紧定螺丝的锥端和坑眼应均为 90°,紧定螺丝应对准坑眼拧紧。

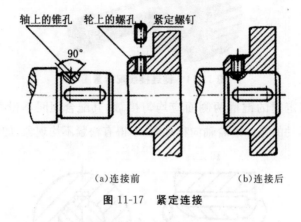

（a）连接前　　　　　　　　（b）连接后

图 11-17　紧定连接

第三节　常用装配

一、轴与滚动轴承装配

滚动轴承是一种精密部件,滚动轴承的装配方法应根据滚动轴承装配方式、尺寸大小及滚动轴承的配合性质来确定。

滚动轴承常用装配形式:

(1)滚动轴承直接装在圆柱轴颈上,如图 11-18(a)所示。

(2)滚动轴承直接装在圆锥轴颈上,如图 11-18(b)所示。

(3)滚动轴承装在紧定套上,如图 11-18(c)所示。

(4)滚动轴承装在推卸套上,如图 11-18(d)所示。

后两种装配形式适用于轴承为圆锥孔,而轴颈为圆柱孔的场合。

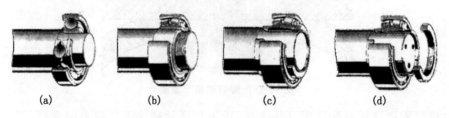

(a)　　　　　(b)　　　　　(c)　　　　　(d)

图 11-18　滚动轴承装配示意图

1.滚动轴承的装配方法

滚动轴承常用装配方法有:机械装配法、液压装配法、压油法、温差法。

(1)套筒压入法装配。它适用于装配小滚动轴承。其配合过程过盈量较小,常用工具为冲击套筒和手锤,以保证滚动轴承套圈在压入时均匀敲入,如图11-19所示。

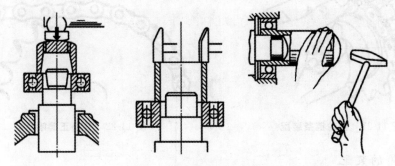

图11-19 装配套筒压入滚动轴承

(2)压力机械压入法装配。它适用于装配中等滚动轴承。其配合过盈量较大,常用杠杆齿条或螺旋压入式压力机。需对轴或安装轴承的壳体提供一个可靠支撑,如图11-20所示。

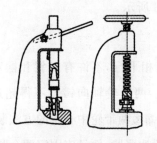

图11-20 杠杆齿条式压力机与螺旋式压力机压入滚动轴承

(3)温差法装配。这种方法一般适用于大型滚动轴承。随着滚动轴承尺寸的增大,其配合过盈量也增大,其所需装配力也随之增大,因此,可以将滚动轴承加热,然后与常温轴配合。

二、传动机构装配

1. 链轮链条的装配

(1)链轮与轴的配合必须符合设计要求。

(2)主动链轮与从动链轮的轮齿几何中心平面应重合,其偏移量不得超过设计要求,如图11-21所示。

(3)链条与链轮啮合时,工作边必须拉紧,并保证啮合平稳,如图11-22所示。

(4)链条非工作边的下垂度应符合设计要求。若设计未规定,应按两链轮中心距1‰~2‰调整。

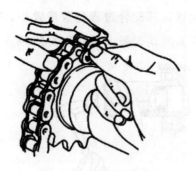

图 11-21 链轮链条装配

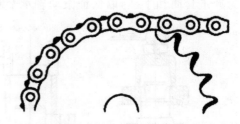

图 11-22 链条正确啮合

2. 齿轮的装配

齿轮装配时,齿轮基准面端面与轴肩或定位套端面应靠紧贴合,并应保持齿轮基准端面与轴线的垂直。相互啮合圆柱齿轮副的轴向错位,应按齿宽大小进行错位量检查。装配轴心线平行且位置为可调结构的渐开线圆柱齿轮副时,其中心距极限偏差应符合随机分布,如图 11-23 所示。

3. 同步带轮的装配

主从动同步带轮轴必须互相平行,不许有歪斜和摆动。当两带轮宽度相同时,它们的端面应该位于同一平面上,两带轮轴向错位不得超过轮缘宽度的 5%。同步带装配时不得强行撬入带轮,应通过缩短两带轮中心距的方法装配,否则可能损伤同步带的抗拉层。同步带张紧轮应安装在松边张紧,而且应固定两个紧固螺栓,如图 11-24 所示。

图 11-23 齿轮的啮合

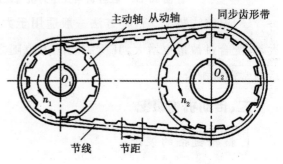

图 11-24 同步带传动示意图

三、装配检查

(1)每完成一个部件的装配,都要按以下的项目检查,如发现装配问题应及时分析处理。

1)装配工作的完整性,核对装配图纸,检查有无漏装的零件。

2)各零件安装位置的准确性,核对装配图纸或如上规范所述要求进行检查。

3)各联接部分的可靠性,各紧固螺丝是否达到装配要求的扭力,特殊的紧固件是否达到防止松脱要求。

4)活动件运动的灵活性,如输送辊、带轮、导轨等手动旋转或移动时,是否有卡滞或别滞现象,是否有偏心或弯曲现象等。

(2)总装完毕主要检查各装配部件之间的联接,检查内容按(1)中规定的"四性"作为衡量标准。

(3)总装完毕应清理机器各部分的铁屑、杂物、灰尘等,确保各传动部分没有障碍物存在。

(4)试机时,认真做好启动过程的监视工作,机器启动后,应立即观察主要工作参数和运动件是否正常运动。

(5)主要工作参数包括运动的速度、运动的平稳性、各传动轴旋转情况、温度、振动和噪声等。

第四节　拖拉机产品构造

一、拖拉机分类

拖拉机是用于牵引和驱动各种配套机具完成农业田间作业、运输作业和固定作业的动力机械。拖拉机通过配套各种不同类型的机具,实现不同的作业,是农业生产活动中的重要动力机械。

拖拉机分类情况见表 11-1。

表 11-1　拖拉机分类简表

分类依据	一级类别	二级类别	备注
按用途分类	工业用		
	农业用	一般用途(见图 11-25)	旱田水田通用
		果园(见图 11-26)	旱田
		园艺	旱田
		水田(见图 11-27)	
	林业用		
按结构分类	履带式拖拉机		
	轮式拖拉机	后轮驱动拖拉机	
		四轮驱动拖拉机	
	手扶拖拉机		
	船式拖拉机		

图 11-25　一般用途拖拉机

图 11-26　果园型拖拉机

图 11-27　水田拖拉机

二、拖拉机工作原理

1.轮式拖拉机工作原理

轮式拖拉机外部结构如图 11-28 所示。传动系统将内燃机产生的动力传递给驱动轮,并获得驱动扭矩,驱动轮通过轮胎花纹和轮胎表面对地面产生向后的水平作用力,地面对驱动轮产生大小相等、方向相反的水平反作用力,反作用力推动拖拉机向前行驶。

图 11-28　拖拉机外部结构图

2.履带式拖拉机工作原理

履带式拖拉机通过一条卷绕的环形履带支撑在地面上。履带接触地面,履刺插入土中,驱动轮不接地。在驱动扭矩作用下,驱动轮上的轮齿和履带板节销之间的啮合连续不断地把履带从后方卷起;接地履带给地面一个向后的作用力,并产生一个向前的反作用力,反作用推动拖拉机向前行驶。

拖拉机类型虽多,结构各有不同,但均有四部分组成:发动机、底盘、车身覆盖件、电气设备。

三、柴油发动机

柴油机是拖拉机的动力装置。其作用是使进入气缸的可燃混合气(燃油和空气)燃烧;并将产生的热能转变为机械能(动力)输出,满足拖拉机驱动、行驶、牵引工作装置进行作业的需要。

发动机主要由缸体缸盖、曲柄连杆机构、配气机构、供给系统、润滑系统、冷却系统和启动装置等部分组成。

单缸四冲程柴油机工作原理分 4 个冲程,如图 11-29 所示。

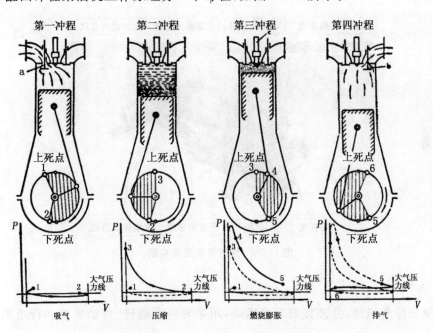

图 11-29　单缸柴油机工作原理图

(1)进气行程:第一冲程——进气。它的任务是使气缸内充满新鲜空气。

(2)压缩行程:第二冲程——压缩。压缩时活塞从下止点向上止点运动,这个冲程的功用有两点:一是提高空气的温度,为燃料自行发火作准备;二是为气体膨胀做功创造条件。

(3)做功行程:第三冲程——燃烧膨胀。在这个冲程开始时,大部分喷入燃烧室内的燃料都燃烧了。燃烧时放出大量的热量,因此气体的压力和温度便急剧升高,活塞在高温高压气体作用下向下运动,并通过连杆使曲轴转动,对外做功。所以这一冲程又叫做功或工作冲程。

(4)排气行程:第四冲程——排气。排气冲程的功用是把膨胀后的废气排出去,以便充填新鲜空气,为下一个循环的进气作准备。

由于这种柴油机的工作循环由 4 个活塞冲程即曲轴旋转两转完成的,故称四冲程柴油机。在四冲程柴油机的四个冲程中,只有第三冲程即工作冲程才产生动力对外做功,而其余 3 个冲程都是消耗功的准备过程。为此在单缸柴油机上必须安装飞轮,利用飞轮的转动惯性,使曲轴在 4 个冲程中连续而均匀地运转。

四、底盘

底盘是拖拉机的骨架或支撑,是拖拉机上除发动机和驾驶室及电气设备以外的所有装置的总称。底盘由车架、传动系统、行走系统、转向系统、制动系统和工作装置等组成,如图 11-30 所示。

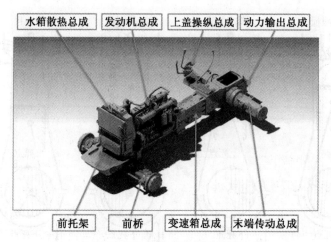

图 11-30　拖拉机底盘结构图

1.车架

车架支撑着机体,并连接着行走系统,用来安装发动机、传动系统和行走系统,使拖拉机成为一个整体。车架有全梁架式、半梁架式和无梁架式三种。

2.传动系统

传动系统是发动机与驱动轮之间所有传动部件的总称。其功能是将柴油机的动力传给拖拉机驱动轮,使拖拉机能按照工作要求,获得所需要的行驶速度和牵引力,并能平稳地实现换挡、停车、倒车的要求。拖拉机传动系统一般由离合器、联轴器、变速器和后桥四部分组成,如图 11-31 所示。

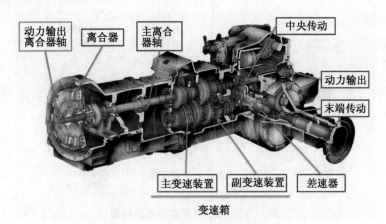

图 11-31　拖拉机传动系统结构图

3.行走系统

行走系统的功能是支撑拖拉机重量,驱动拖拉机行驶,减少地面不平而引起的对拖拉机的冲击。根据行走系统构造不同,拖拉机可以分为轮式和履带式两种。轮式拖拉机行走系统由轴(包括有驱动机构的前桥)、车轮(导向轮和驱动轮)组成;履带式拖拉机由履带行走装置和悬架组成。

4.转向系统

转向系统用来改变和控制拖拉机的行驶方向。不同类型的拖拉机转向方式不同,拖拉机的转向方式有偏转导向轮转向、折腰转向和改变两侧驱动力矩转向等多种。

轮式拖拉机采用偏转导向轮(前轮)的方式转向。轮式拖拉机转向系统一般由转向操纵机构、转向器和转向传动机构三部分组成。转向操纵机构包括方向盘、转向轴、万向节和传动轴。

履带拖拉机转向系统主要部件是转向离合器。转向离合器位于履带拖拉机中央传动从动齿轮与最终传动主动齿轮之间,两侧各有一个,用于改变两侧驱动轮的驱动力矩,实现拖拉机转向。

手扶拖拉机转向机构与轮式拖拉机的转向机构完全不同,其转向机构为牙嵌式离合器,它是通过切断一侧驱动轮的动力来实现转向的。这种转向机构结构简单,但在复杂情况下转向不稳定,有时在正常行驶中转向会突然失灵、失控。

5.制动系统

制动系统用来强迫拖拉机迅速降低速度或紧急停车,它由制动器和传动装置组成,如图 11-32 所示。小四轮拖拉机采用蹄式制动器;手扶拖拉机采用环形内涨式制动器。

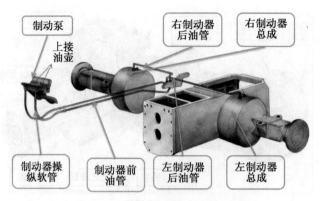

图 11-32　拖拉机制动系统结构图

6.工作装置

工作装置包括液压牵引装置、液压悬挂系统和动力输出装置三个部分。牵引装置和液压悬挂系统是用来把农具挂接在拖拉机上进行各种田间作业。液压悬挂系统可以使农机具升降或自动调节耕深,它由液压泵、分配器、液压缸、悬挂机构等组成。动力输出装置的功用是将拖拉机的动力输出,带动其他机械进行固定作业或驱动农机具的某些工作部件进行田间作业,如图 11-33 所示。

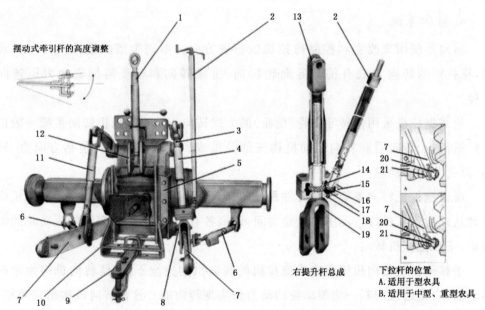

图 11-33　拖拉机工作装置结构图

1—上拉杆;2—调节拉杆;3—油杯 M10 * 1;4—右提升杆;5—牵引挂接支架;6—限位杆
7—下拉杆;8—弯杆;9—牵引杆;10—牵引回;11—左提升杆;12—上拉杆支座;13—右提升杆上连接叉
14—推力球轴承(30×47×11);15—齿轮室;16—右提升杆主动齿轮;17—右提升杆从动齿轮
18—黄油安全阀;19—右提升杆下连接叉;20—下拉杆挡圈;21—球铰隔套

五、车身覆盖件

拖拉机车身覆盖件，主要包括驾驶室总成与前机盖等，用来保护产品的重要部件，形成驾乘人员的操作空间。作为产品最外部的组成部件，肩负着塑造产品形象、提升品牌知名度的重要作用，如图 11-34 所示。

图 11-34 拖拉机驾驶室总成

六、电气设备

拖拉机电气设备，主要用来保障拖拉机的启动、拖拉机工况监控及拖拉机工作时的照明与信号等。它分为供电系统（蓄电池、发电机等），启动系统（起动机、预热器等），仪表及检测系统（仪表盘、传感器及信号指示灯等），照明系统（照明灯），辅助系统（空调、刮水器、喇叭等）。先进的拖拉机还包括：电脑监控、电子控制燃油喷射、电子液压悬挂控制等。

第五节 轮式拖拉机总装实例

轮式拖拉机目前主要分为两轮驱动（后轮驱动）和四轮驱动式（前后轮驱动式）两种。四轮驱动式拖拉机因其具有广泛的工作适用范围而发展很快，在大功率拖拉机上所占的比重日益增大，并部分地替代了履带拖拉机的使用。

轮式拖拉机总装是在总装配线上按照一定的生产节拍进行的。部件和各总成平行作业，组装好后通过天桥和地轨送到总装线上，装配成整车并经过试验、调整合格后出场，如图 11-35、图 11-36、图 11-37 所示。

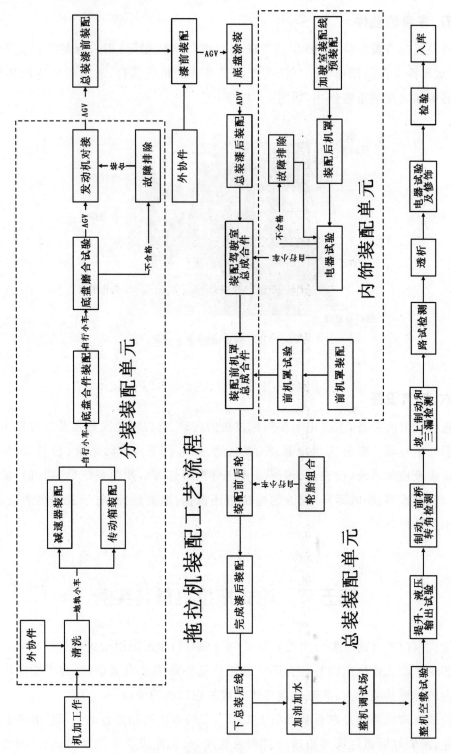

图 11-35　轮式拖拉机总装主要工艺流程

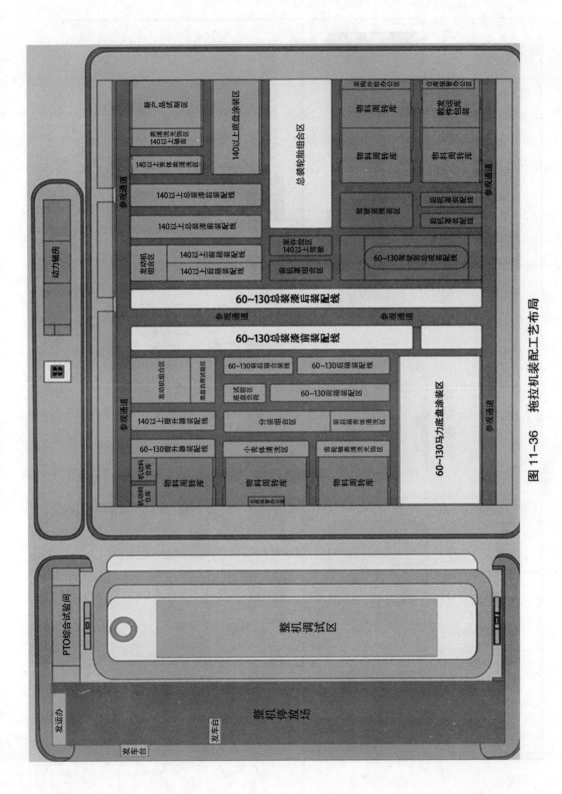

图 11-36　拖拉机装配工艺布局

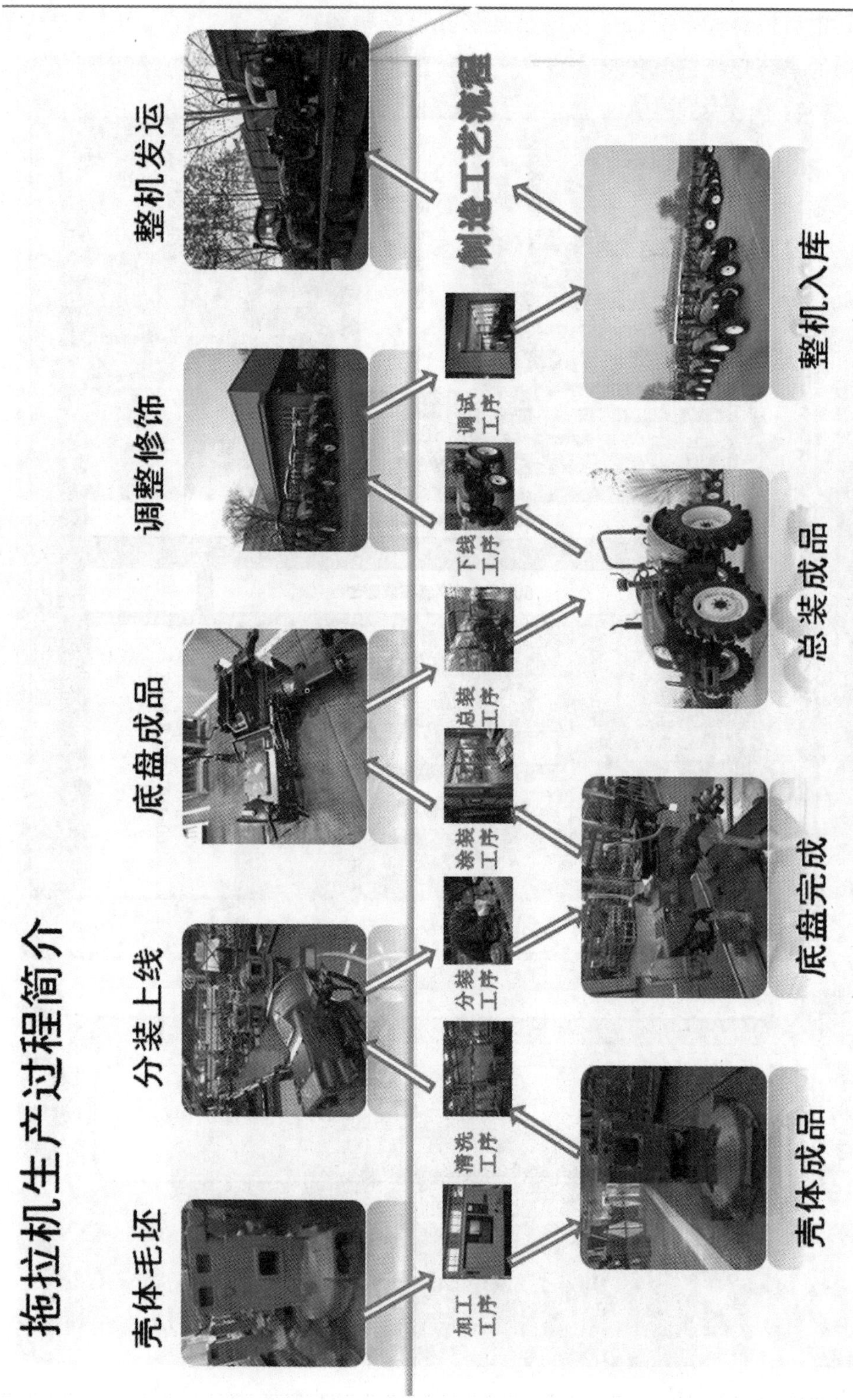

拖拉机生产过程简介

整机发运

调整修饰

底盘成品

分装上线

壳体毛坯

制造工艺流程

整机入库

总装成品

底盘完成

壳体成品

加工工序

清洗工序

分装工序

涂装工序

总装工序

下线工序

调试工序

图11-37 整机制造流程示意图

（1）分装车间有两条环形地拖链式循环高效生产装配线（前箱装配线、后箱装配线）、其中后桥总成装配线采用的是环形托链结构型式，23 个工位；变速箱总成装配线采用的是环形托链结构型式，16 个工位；工位间距为 3m，线速变频可调，能够满足最快 2min 的生产节拍，兼容窄轮距系列等多品种机型，如图 11-38 所示；后箱装配线主要工序有动力输出轴组合及装配、大小锥组合及装配、梭式换档机构装配、制动器组合及装配、提升器装配、半轴组合及装配；前箱装配线主要工序有主副锥齿轮轴组合及装配、I 轴及 II 轴组合及装配、分离轴承座装配，前后箱对接，分动箱组合及装配，最后在试验台上进行磨合，如图 11-39 所示；加载磨合试验分为负载磨合及空载磨合，采用集中供油及过滤设施，传动系统磨合环行线采用 RGV 小车进行转运，总成上涂装线靠悬挂起重机实施。

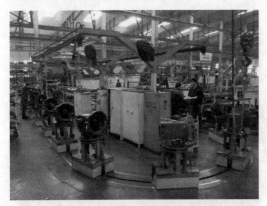

图 11-38　分装装配线现场

图 11-39　底盘负荷试验台

（2）底盘涂装线。其工艺流程为：上件→热脱脂→热水清洗→人工吹水→屏蔽→热风吹干→机器人喷涂面漆→面漆流平→面漆烘干→自然冷却→下线，如图 11-40 所示。

图 11-40　底盘涂装线现场

（3）整机装配线总长 98m，共设置 19 个工位，其中地拖链 17 个，双板链 2 个，工位间距均为 5m，线速变频可调，能够满足最快 2min 的生产节拍，兼容窄轮距系列等多品种机型，地拖链与双板链线速均连续可调，互不牵涉。整机采用在线加注的方式，各加注点均采用防滴漏加油枪并进行定量加注，总装辅线及驾驶室环线均采用"U"型环线的形式，总装辅线总长 88m，共 16 个 RGV 转运小车 10 个装配工位，每个小车可单独运行，随时满足装配位置需求。驾驶室环线总长 60m，可存放 17 个手推车进行组合装配，6 个装配工位；总装辅线主要工序有多路阀装配、发动机对接、液压管路装配、转向油管装配、前桥前托架装配、立式油缸装配；总装主线主要有空气滤清器装配、消声器装配、散热器装配、配重架装配、覆盖件装配、机罩装配、电瓶装配、轮胎装配、加油加水等工序；驾驶室环线主要有座椅、踏板、后机罩、转向器等零部件的装配及组合，如图 11-41 所示。

(a)

(b)

(c)

图 11-41 整机装配现场

（4）调试车间进行的试验有整机空磨合试验、整机负载磨合试验、PTO 负载试验、液压提升试验、半坡制动试验、颠簸试验、整机单边桥测试、整机路试、整机修饰、制动离合行程调整等，在调试厂进行的检查有：电器系统检查、三漏检查、紧固件及标牌检查、整机外观检查、轮胎气压检查、油面检查、各操纵机构检查、前轮前束调整等。

调试车间作业：悬挂装配→磨合试验（负荷试验抽检）→液压提升试验、液压输出试验→整机调试（具体内容如下）→整机冲洗擦干→整机修饰（修磨、修饰补漆、整机喷蜡、贴标志、整机检查）→整机入库检查→整机入库。整机调试项目如表 11-2 所示。整机调试现场如图 11-42 所示。

图 11-42　整机测试现场

表 11-2　整机调试项目列表

项目号	调试内容
1	前束检查调整
2	制动检测试验（行驶制动试验、坡上制动试验）
3	动力输出挂档试验（PTO 性能试验抽检）
4	差速锁性能检查试验
5	前驱动检查调整（四驱）
6	电器系统检查
7	外观检查（三漏检查、轮胎气压检查、紧固件及标牌检查）
8	跑车路试
9	颠簸试验
10	单边桥检测试验
11	气刹装置检查及调整
12	冷媒加注（空调配置加注制冷剂）
13	离合和制动检查调整、转向机构检查调整

（5）总装车间工位技术要点。根据整机装配线的技术要求，装配工艺流程表见表 11-3、表 11-4、表 11-5。

表 11-3　组合班装配工艺流程表

工位名称	工位编号	细分工位	包含零件	技术要点
环线前段组合	ZZH01	环线座椅	Y 手柄、PTO 拉杆、座椅、分配器、气包、工具盒、副离合、呼吸器、Y 板	①踏板静止时刹车灯/安全启动开关处于压缩状态。②后信号灯及反射器装好后应紧贴版面。③线束连接后整理规范，并用线夹固定。④脚油门能踩到底并能自由回位。⑤制动、离合踏板组合后能灵活转动
		车梯工位	差速、梭式、防尘罩、手刹、车梯、扶手、大灯、差速踏杆、空滤	
		手脚油门工位	四驱拉杆、反射器、工具盒支架、主副变速防尘罩、手油门、脚油门、连接软轴	
		转向机踏板工位	踏板组合及装配、MF/MK 转向机组合及装配、后视镜支架、梭式换挡、玻璃	
环线后段组合	ZZH02	后机罩工位	后机罩组合及装配、电器、GPS定位、下罩、固定方向盘	①插套与开关对应插接，并插接到位、牢靠。②翘板开关在仪表罩上装配牢靠
		左右线束工位	前信号灯、后尾灯、左右后线束，并连接插头	
		防翻架遮阳棚 MIS 机工位	装配 ME/SK 防翻架、环线所有机型遮阳棚、打印 MIS 机条码	
传动轴气包组合	ZZH03		组合配送 SK/SG/ME 气包支撑板，气包组合相关零件、四驱传动轴组合、ME/SK（非吊挂）左线束、ME/MF/MK（吊）带 Q 左线束	①所有螺纹处缠上生料带②紧固带应摆正，不得歪斜，并且对称打紧
柴油箱组合	ZZH04		ME/SK/SG/MF 上置柴油箱组合，包含油开关、堵头、柴油管、滤网、油箱盖、传感器、通气管	①柴油箱装配前检查油箱内是否有异物、油箱内部是否生锈。②检查油量传感器油箱接合部位是否涂有密封胶，且涂抹均匀
挡泥板和减震钉组合	ZZH05	挡泥板工位	后尾灯、左挡泥板、右挡泥板	
		减震钉工位	减震钉	
多路阀副油箱组合	ZZH06		多路阀、液压输出油管、强压阀、副油箱、MF/MK 机油滤清器、ME/SG/SK/SG-1 转向机	①转向立柱的一字键卡在转向器凹槽里。②转向立柱转动灵活

工位名称	工位编号	细分工位	包含零件	技术要点
小件组合	ZZH07		断电开关、调节拉杆、气阀、分配器、锁扣、气阀支架、脚油门	操作压床要有操作证,头、手不准伸入压床和零件之间
滚塑油箱组合	ZZH08		滚塑油箱组合、通气管、SG/SK/大棚王电瓶盖板组合	①柴油箱装配前检查油箱内是否有异物、油箱内部是否生锈。②检查油量传感器油箱接合部位是否涂有密封胶,且涂抹均匀

表 11-4 辅助班装配工艺流程表

工位名称	工位编号	细分工位	包含零件	技术要点
底盘上线	ZFX01	底盘上辅线	底盘	MF 立式强压机型提升油缸油杯朝向发动机一侧
		油缸、座椅	全系列油缸、连接销轴、MESG-SK 座椅、ME 窄轮距座椅支架	
牵引挂接装配	ZFX02	牵引挂接	全系列牵引挂接、(ME0.9m、MK、SG、SKPTO 防护罩)	
		固定板/限位板	全系列限位板(除 SGSK)、全系列固定板	
		多路阀/提升油管	ME 调节阀、全系列调节阀连提升油管、调节阀支架(3 种)、SGSK 带立调节阀过渡接头、快换接头支架	
踏板轴工位	ZFX03	踏板轴、球头、拉杆	全系列踏板轴、分体地板全系列球头、离合制动摇臂、吊挂机型离合摇臂、制动拉杆、连接叉	①踏板轴及隔套灵活转动。②将螺母和手柄拧到操纵杆螺纹底部锁紧
发动机组合	ZFX04	发动机吊装	全系列发动机	①离合器分离杠杆的调整:保证其共面度。②装配前发动机飞轮端面处擦干净,不得有油污。③齿轮泵、恒流泵纸垫两面均涂上密封胶
		离合器装配	全系列离合器(压盘、从动盘)	
		齿轮泵/恒流泵装配	齿轮泵、出油接头、恒流泵、水温传感器、油压报警器、气泵、纸垫(2 种)、17.12×2.62 O 型圈、MK 橡胶堵塞	

续表

工位名称	工位编号	细分工位	包含零件	技术要点
发动机对接	ZFX05	MES 流检卡信息录入	流检卡	①保证发动机合件与底盘合件连接螺栓扭矩。②核对拓印纸上机型与整机号是否与底盘一致。③发动机对接前,在离合器壳表面均匀涂抹密封胶,涂胶避开螺纹孔,并涂在螺孔内侧
		发动机吊装对接/打胶	SKSG、MK 对接纸垫、副离合钩板、转向油管支架 ME、发动机对接定位销 12×22,12×28	
		发动机左打紧		
		发动机右打紧		
液压油管工位	ZFX06	气弹簧/转向油壶	全系列气泵出气管、气弹簧支架、MF50-70 ME60 转向油壶、转向油壶支架(扬动新柴)	①在组合油管前检查油管两端是否有防护,检查油管接口处是否有生锈现象,高低压油管装配正确,各接头紧固可靠。②液压各油管紧固可靠,排列整齐,软管不得有扭曲、死弯等现象
		高低压油管/多路阀进出油管	全系列高低压油管、O 型圈(规格 20.29×2.62,16×2.4,28×2.62)	
地板组合及装配	ZFX07	左支架/左地板	左支架、MFMK(滚塑油箱下支架、滚塑油箱后支架)	螺母与螺栓间距 5～8mm 并备紧在制动踏板右下方和离合踏板左侧
		右支架/右地板	右支架	
		地板组合、左支架辅助	全系列分体地板、四驱拉杆、滚珠、分体地板脚油门全套、分体地板气阀	
液压油箱装配	ZFX08	液压油箱支架	液压油箱支架、胶管、机滤、滤清器支架、紧固带贴、MK 液压油箱皮垫 紧固带 橡胶垫、快换接头连接板、转向油壶支架	
		液压油箱		
		转向机装配	上盖密封垫(MS304C-21-108-1)	
前桥装配	ZFX09	前托架/电瓶盒装配	全系列前机架、前托架	①将前桥总成紧固在发动机总成前面,螺栓对称、二次紧固,前桥及前托架螺栓扭矩。②MK 机型前支座与后摆销支座结合面上抹上密封胶
		前桥装配	全系列前桥	
		辅助/扭矩检查	前桥堵盖	

续表

工位名称	工位编号	细分工位	包含零件	技术要点
转向油管工位	ZFX10	转向油管连接	转向油管、固定卡、卡箍、空心钉、前桥转向软管、两驱前桥转向油缸、油缸销轴、支撑套	①在装配油管前检查油管两端是否有防护，检查油管接口处是否有生锈现象，高低压油管装配正确，各接头紧固可靠。②转向各油管紧固可靠，排列整齐，软管不得有扭曲、死弯等现象
		转向油管紧固/空调压缩机/皮带	压缩机、皮带、压缩机支架、张紧螺杆	
		多路阀油管紧固	MK快换接头支架、MK快换连接板	
		上主线		

表 11-5　主线班装配工艺流程表

工位名称	工位编号	细分工位	包含零件	技术要点
上置柴油箱装配	ZZX01	PTO柴油箱装配	PTO防护罩、小油箱、减震垫、油箱紧固带、油箱紧固带皮垫、滚塑油箱托盘粘垫、小油箱支架	柴油箱紧固带及减震垫不得有歪斜、破损现象
散热器工位	ZZX02	散热器装配	全系列散热器、进出水管、卡箍、转向油壶、横拉杆、水箱拉杆、水箱支架、搭铁线、减震皮垫、冷凝器、柴扇、机扇	散热器装配并调整与发动机风扇叶上下、左右的间隙均匀；调整散热器前后的位置，保证发动机风扇叶不得与散热器下水室干涉
		电瓶盖板	SGSK电瓶盒、机罩支撑板	
消声器工位	ZZX03	消声器	断电开关、牌照牌、消声器、护网、工具盒、反馈杆、机罩气弹簧钉	①左右护板间隙均匀，且间隙在2～5mm之间。②消声器排气管朝右前方。③牌照牌位置摆正，不歪斜
空滤工位	ZZX04	空滤装配	空滤、空滤支架、固定管夹、空滤胶管	卡箍方向应保持一致
		通气软管连接	通气软管、气阀进出气管	
		散热器紧固/护网	散热器护网、护网支架、转向油壶连接油管	

续表

工位 名称	工位 编号	细分工位	包含零件	技术要点
传动轴 工位	ZZX05	传动轴工位	传动轴、卡箍、前后套管、花键套、卡簧、密封圈、橡胶套	①传动轴上的花键套顶住分动箱输出轴和前桥主动齿轮轴上的挡圈。 ②胶管的卡箍装配在硬管的凸台内侧
		前配重架	前配重架	
驾驶室 上线工位	ZZX06	驾驶室三组合吊装	SK/ME 防翻架固定板、SGSK限位板、橡胶垫（三组合用）、气包支撑板板、Y 接头六角螺母	①确保铭牌表面平整，装配位置不歪斜，编号与整机一致。 ②U 型螺栓固定在半轴凹槽内，两端露出螺母长度基本一致
		左挡泥板/ 三组合连接		
		右挡泥板/ 三组合连接		
铭牌工位	ZZX07	铭牌/ECU/ 方向盘	方向盘	空滤胶管装配到与空滤表面接触
		档杆/ 提升手柄	吊挂操纵杆、球头、防尘罩、压板、压条	
		转向油管/ 龙门架	龙门架、ME SG SK 防翻架	
		后机罩/镜杆	镜杆	
拉杆工位	ZZX08	左拉杆	制动灯开关、E-mark 接近传感器	制动拉杆左右对称，长度一致。拉杆旋入连接叉长度>3mm。左、右制动长度应基本一致，制动拉杆合件带螺母的一头应朝前
		右拉杆		
		扎扎带/ 连气包线	扎带	
电瓶工位	ZZX09	连左线束	扎带、全系列快换接头、空滤拉杆	所有线束连接正确可靠、排列整齐；将线束扎紧在相近的油管或气管上，剪去多余部分
		连右线束	皮套、线卡、扎带	
		电瓶组合/ 装配	电瓶、搭铁线、电瓶拉杆、压板、压条、橡胶垫、MKMF 断电开关、正极线、电瓶支撑板、隔热垫、前配重架堵盖	
		电瓶打紧/ 断电开关	ME404 机罩锁支撑板、ME/MF锁支架、拉簧、拉杆	

工位名称	工位编号	细分工位	包含零件	技术要点
大机罩工位	ZZX10	滚塑油箱装配	滚塑油箱托盘、卡箍、扎带	①柴油箱紧固带及减震垫不得有歪斜、破损现象。②机罩锁能顺利锁紧打开
		大机罩	SG604G/MF 豪地隔板连接板、大机罩、螺母板	
前轮工位	ZZX11	前轮装配	前轮	检验轮胎是否有漏气、压装不到位等缺陷
		前轮打紧		
		前配重	前配重	
后轮工位	ZZX12	左后轮	后轮	
		右后轮	后轮	
		左配重	后配重、后机罩堵盖	
		右配重	后配重	
加油加水	ZZX13			①向各处加入定量的规定型号的油,检查油面应在油尺的刻度范围内拧紧各处油尺和盖子。②用干净破布擦干净油痕、水痕

第六节 本章小结

本章介绍了装配的基础知识,对装配精度、装配方法、装配工艺过程、装配组织形式、装配工艺规程都做出详细地叙述。按照螺纹连接装配、滚动轴承与轴的装配、传动零件的装配、装配检测四个方面,介绍了具体的安装方法。较为详细地介绍了拖拉机产品的基本构造,包括柴油机构造与原理、底盘、车身覆盖件、电气设备等。并以中国一拖总装厂轮式拖拉机生产线为例,图文并茂的介绍了从生产装配到检测出厂的整个安装调试工艺过程。

思考题

1.装配精度包括哪几方面精度?

2.常用装配方法包括哪几个?

3.选择装配法的选择方式有哪些?

4.固定式装配与移动式装配的特点与用途分别是什么?

5.螺纹装配防松脱方法有哪些？分别需要什么器材做支撑？

6.简述拖拉机产品的构造。

7.柴油发动机工作原理是什么？

8.简述轮式拖拉机装配流程。

第十二章　先进设备与智能制造

第一节　数控机床

数控加工是用数字信息控制零件和刀具位移的机械加工方法，它泛指在数控机床上进行零件加工的工艺过程。数控加工自动化程度高、加工精度高、加工质量稳定可靠、加工生产效率高、对零件加工的适应性强、能够加工形状复杂的零件。

数控机床是数字程序控制机床的简称，数控机床将零件加工过程中所需的各种操作、工艺步骤、加工尺寸以及刀具与工件之间的相对位移量等都用数字化的代码来表示，由编程人员编制成规定的加工程序，输入到计算机控制系统中，由计算机对输入的程序进行处理与运算，发出各种指令来控制机床的各个执行部件，使机床按照给定的程序，自动加工出所需的工件。当加工对象改变时，只需更换加工程序。

一、数控机床的组成

数控机床综合应用了微电子技术、计算机技术、精密检测技术、伺服驱动技术以及精密机械技术等，是典型的机电一体化产品。数控机床的组成如图 12-1 所示。

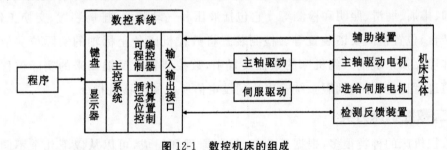

图 12-1　数控机床的组成

1. 机床本体

机床本体指的是数控机床机械结构实体，与普通机床相比，同样由床身、立柱、主轴、进给机构、工作台等组成。

2.数控系统

数控系统是数控机床的核心,它用于输入数字化加工程序,自动阅读输入程序中的信息,自动译码,输出符合指令的脉冲,控制机床的动作和运动。数控系统包括硬件(输入装置、存储装置、输入输出接口、可编程控制器、键盘、显示器等)和软件。目前国内应用较多的数控系统有:FANUC 数控系统、SIEMENS 数控系统、华中数控系统、广州数控系统等,各个系统的功能、编程指令和编程方法都有很多相同或相似之处。

3.驱动装置

驱动装置是数控机床执行机构的驱动部分,包括主轴驱动单元、进给驱动单元、主轴电机、进给电机等,如图 12-2、图 12-3 所示。它在数控系统的控制下通过电气或电液伺服系统实现主轴和进给机构的驱动。当几个进给机构联动时,可以完成定位以及各种复杂成形面的加工。

图 12-2　进给伺服电机

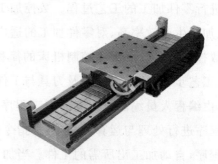

图 12-3　直线电机

4.辅助装置

辅助装置是数控机床一些必要的配套部件,用以保证数控机床加工的正常进行,如冷却、排屑、润滑、照明和检测等。它包括液压和气动装置、排屑装置、交换工作台、数控转台、位置检测反馈装置等。检测装置将数控机床各坐标轴的实际位移值检测出来并经反馈系统输入到机床的数控装置中,数控装置对反馈回来的实际位移值与指令值进行比较,并向伺服系统输出达到设定值所需的位移量指令。

二、数控机床分类

数控机床的种类很多,根据其功能、控制原理和组成,可以从以下几个不同的角度进行分类。

(一)按工艺用途分类

1.金属切削类数控机床

与传统的车、铣、钻、磨、齿轮加工等相对应的数控机床有数控车床、数控铣床、数控钻床、数控磨床、数控齿轮加工机床及加工中心等。尽管这些数控机床在加工工艺方法上存在很大差别,具体的控制方式也各不相同,但机床的动作和运动都是数字化控制的,具有较高的生产率和自动化程度。

2. 特种加工类数控机床

除了切削加工数控机床以外,数控技术也大量用于数控电火花线切割机床、数控电火花成型机床、数控等离子弧切割机床、数控火焰切割机床以及数控激光加工机床等。

3. 板材加工类数控机床

常见的应用于金属板材加工的数控机床有数控压力机、数控剪板机、数控折弯机等。

(二)按控制运动轨迹分类

1. 点位控制数控机床

点位控制数控机床的特点是机床移动部件只能实现由一个位置到另一个位置的精确定位,在移动和定位过程中不进行任何加工。机床数控系统只控制行程终点的坐标值,不控制点与点之间的运动轨迹,因此几个坐标轴之间的运动无任何联系。可以几个坐标同时向目标点运动,也可以各个坐标单独依次运动。

这类数控机床主要有数控坐标镗床、数控钻床、数控冲床、数控点焊机等。点位控制数控机床的数控装置称为点位数控装置。

2. 直线控制数控机床

直线控制数控机床不仅要实现机床运动部件从一个坐标位置到另一个坐标位置的精确移动和定位,而且可控制刀具或工作台以适当的进给速度,沿着平行于坐标轴的方向进行直线移动和切削加工,进给速度根据切削条件可在一定范围内变化。

3. 轮廓控制数控机床

轮廓控制数控机床能够对两个或两个以上运动的位移及速度进行连续相关的控制,使合成的平面或空间的运动轨迹能满足零件轮廓的要求。它不仅能控制机床移动部件的起点与终点坐标,而且能控制整个加工轮廓每一点的速度和位移,将工件加工成在平面内的直线、曲线或空间的曲面。

常用的数控车床、数控铣床、数控磨床就是典型的轮廓控制数控机床。数控火焰切割机、电火花加工机床以及数控绘图机等也采用了轮廓控制系统。轮廓控制系统的结构要比点位/直线控制系统更为复杂,在加工过程中需要不断进行插补运算,然后进行相应的速度与位移控制。

现在计算机数控装置的控制功能均由软件实现,增加轮廓控制功能不会带来成本的增加。因此,除少数专用控制系统外,现代计算机数控装置都具有轮廓控制功能。

(三)按控制方式分类

1.开环控制数控机床

开环控制是控制系统没有位置检测反馈装置的控制方式。此类数控机床的信息流是单向的,即进给脉冲发出去后,实际移动值不再反馈回来,所以称为开环控制数控机床。

开环控制数控机床结构简单,成本较低。但是,系统对移动部件的实际位移量不进行检测,也不能进行误差校正。因此,步进电动机的失步、步距角误差、齿轮与丝杠等传动误差都将影响被加工零件的精度。开环控制系统仅适用于加工精度要求不很高的中小型数控机床,特别是简易经济型数控机床。

2.闭环控制数控机床

闭环控制数控机床是在机床移动部件上直接安装直线位移检测装置,直接对工作台的实际位移进行检测,将测量的实际位移值反馈到数控装置中,与输入的指令位移值进行比较,用差值对机床进行控制,使移动部件按照实际需要的位移量运动,最终实现移动部件的精确运动和定位。从理论上讲,闭环系统的运动精度主要取决于检测装置的检测精度,也与传动链的误差无关,因此其控制精度高。这类控制的数控机床,因把机床工作台纳入了控制环节,故称为闭环控制数控机床。

闭环控制数控机床的定位精度高,但调试和维修都较困难,系统复杂,成本高。

3.半闭环控制数控机床

半闭环控制数控机床是在伺服电动机的轴或数控机床的传动丝杠上装有角位移电流检测装置(如光电编码器等),通过检测丝杠的转角间接地检测移动部件的实际位移,然后反馈到数控装置中去,并对误差进行修正。由于工作台没有包括在控制回路中,因而称为半闭环控制数控机床。

半闭环控制数控系统的调试比较方便,并且具有很好的稳定性。目前大多将角度检测装置和伺服电动机设计成一体,这样使结构更加紧凑。

三、数控机床特点

数控机床是机电一体化产品的典型代表,尽管它的机械结构与普通机床的结构有许多相似之处,但并不是简单地在普通机床上配备数控系统即可,它与普通机床相比,结构上进行了改进,主要表现在以下几个方面:

（1）数控机床的传动系统机械结构比较简单，传动链短。数控机床的主运动传动系统一般通过电机直接驱动主轴或经过简单的几级变速驱动主轴，有些数控机床的主传动系统已开始采用结构紧凑、性能优异的电主轴。进给运动传动系统一般由伺服电机直接驱动执行部件。所以数控机床的传动系统比普通机床简单得多。

（2）数控机床的进给传动装置中广泛采用无间隙滚珠丝杠传动和无间隙齿轮传动，利用贴塑导轨或静压导轨来减少运动副的摩擦力，传动件的间隙被适当消除，保证了反向传动精度和定位精度。采用闭环控制的数控机床可对传动误差进行补偿。因此，数控机床加工精度高、加工质量稳定。

（3）数控机床的床身、立柱、横梁等主要支承件采用合理的截面形状，且采取一些补偿变形的措施，使其具有较高的结构刚度，以满足高精度、高效率的加工要求。

（4）加工中心类的数控机床备有刀库和自动换刀装置，可进行多工序、多面加工，大大提高了生产效率。

（5）数控机床采用了刀具自动夹紧装置、刀库与自动换刀装置及自动排屑装置等辅助装置，因此改善了劳动条件、减少了辅助时间、改善了操作性、提高了劳动生产率。

在编制数控机床加工程序之前，必须对所加工的工件进行工艺分析、拟定加工方案、选择合适的刀具和夹具，确定切削用量等。在普通机床上加工零件时，很多工艺问题是由操作人员确定并手工操作完成的，而数控机床在加工时，整个加工过程是预先编制好程序并自动进行的，无人为操作的干预，因而数控加工形成了以下工艺要求。

（1）数控加工工艺的内容要具体详细，各种具体工艺问题如工步的划分、对刀点、换刀点、走刀路线等必须正确选择并编入加工程序。

（2）数控加工的工艺处理要严密准确，在进行数控加工的工艺处理时，必须注意到加工过程中的每一个细节，考虑要十分严密。实践证明，数控加工中出现差错或失误的主要原因大多为工艺方面考虑不周、计算与编程时粗心大意。

第二节　加工中心

加工中心是在普通数控机床的基础上增加了自动换刀装置及刀库，并带有其他辅助功能，从而使工件在一次装夹后，可以连续、自动地完成多个平面或多个角度位置的铣削、镗削、钻孔、扩孔、铰孔、攻丝等工序的加工，工序高度集中。加工中心为了加工出零件所要求的形状，至少需要有 3 个坐标运动，即由 3 个直线运动坐标 X、Y、Z 和 3 个转动坐标 A、B、C 进行适当的组合而成，其数控系统最少要能实现三轴联动，多的可实现五轴联动、六轴联动,从而控制刀具和工件形成复杂的轨迹。加工中心还应有各种辅助功能,如各种加工固定循环、刀具半径自动补偿、刀具长度自动补偿、刀具破损报警、刀具寿命管理、过载自动保护、丝杠螺距误差补偿、丝杠螺母间隙补偿、故障自动诊断、工件与加工过程显示、工件在线检测、加工自动补偿及切削力控制等,这些辅助功能使加工中心自动化程度更高、效率更高、精度更高。

加工中心与普通数控机床相比,具有以下特点:

(1)有自动换刀装置,包括刀库和机械手,能够实现工序之间的自动换刀,这是加工中心的结构性标志。

(2)能实现 3 个坐标以上的全数字控制,因此采用的数控系统更高档。

(3)具有多工序功能,一般应有回转工作台,使工件一次装夹后,实现多表面、多特征、多工位的连续、高效、高精度加工。

(4)可配置自动更换的双工作台,实现机床上、下料自动化。

(5)有较完善的刀具自动交换和管理系统。

(6)具有工件自动交换、工件加紧与放松机构。

(7)采用全封闭的罩壳。由于加工中心是自动完成加工的,为了操作安全,一般采用移门结构的全封闭罩壳,对机床的加工部位进行全封闭。

一、常用加工中心

1.立式加工中心

立式加工中心指主轴为垂直状态的加工中心。其结构形式多为固定立柱式,工作台为长方形,无分度回转功能。它适合加工盘类零件,不能加工太高的零件,也不适合加工箱体类零件。在工作台上安装一个沿水平轴旋转的数控回转台,可用于加工螺旋线类零件。立式加工中心的结构简单,占地面积小,价格低,如图 12-4 所示。

图 12-4　立式加工中心

2. 卧式加工中心

卧式加工中心指主轴为水平状态的加工中心。卧式加工中心通常都带有自动分度的回转工作台,它一般具有 3～5 个运动坐标,常见的是 3 个直线运动坐标加 1 个回转运动坐标,工件在一次装卡后,完成除安装面和顶面以外的其余四个表面的加工,它最适合加工箱体类零件,如图 12-5 所示。

卧式加工中心有许多形式,如固定立柱式、固定工作台式。固定立柱式的卧式加工中心的立柱固定不动,主轴箱沿立柱做上下运动,而工作台可在水平面内做前后、左右两个方向的移动;固定工作台式的卧式加工中心,安装工件的工作台是固定不动的(不做直线运动),沿坐标轴三个方向的直线运动由主轴箱和立柱的移动来实现。与立式加工中心相比较,卧式加工中心加工时排屑容易,对加工有利,但结构复杂,占地面积大,质量大,价格也较高。

3. 龙门式加工中心

龙门式加工中心的形状与数控龙门铣床相似,主轴多为垂直方向设置。除自动换刀装置以外,还带有可更换的主轴头附件,数控装置的功能也较齐全,能够一机多用,尤其适用于加工大型工件和形状复杂的工件,如航天工业及大型汽轮机上的某些零件的加工,如图 12-6 所示。

图 12-5　卧式加工中心

图 12-6　龙门式加工中心

4. 万能加工中心(复合加工中心)

万能加工中心具有立式和卧式加工中心的功能,一般具有五轴联动功能,工件一次装夹后能够完成除安装面外的所有侧面和顶面(5 个面)的加工,也称为五面加工中心。常见的五面加工中心有两种形式:一种是主轴可实现立、卧转换;另一种是主轴不改变方向,工作台带着工件旋转 90°,完成对工件 5 个面的加工。如图 12-7 所示。

5. 带交换工作台的加工中心

立式加工中心、卧式加工中心都可带有交换工作台,交换工作台可以是两个或多个,这种工作台也叫托盘。加工中心采用交换工作台的目的是为了增加机床的加工时间,减小工件装夹而引起的停机时间。一个托盘在加工中心内进行加工时,其他的托盘在外面装夹待加工的工件,当加工中心内的工件加工完成后,通过相应的程序控制,自动将外面的托盘换入机床。因为装卸工件不占用机加时间,所以加工效率更高。如图12-8所示。

图12-7 复合加工中心

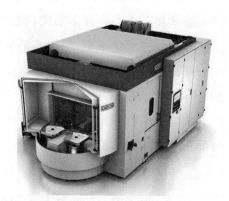

图12-8 带托盘加工中心

二、数控加工典型零件

1.盘、套、板类零件(见图12-9)

这类零件包括带有键槽和径向孔,端面分布有孔系、曲面的盘套或轴类工件,如带法兰的轴套等,还有带有较多孔加工的板类零件,如各种电动机盖等。其中端面有分布孔系、曲面的盘类零件常使用立式加工中心,有径向孔的可使用卧式加工中心。

图12-9 板类和盘类零件

2.外形不规则的异形类零件

异形件是外形不规则的零件,大多需要点、线、面多工位混合加工(如支架、基座、靠模等)。在普通机床上通常采取工序分散的原则加工,需要工装多,加工周期较长,而采用加工中心,通过一次或两次装夹就完成大部分或全部工序内容。加工异形件时,形状越复杂,精度要求越高,使用加工中心越能显示其优越性。

3.复杂曲面类零件

在航空、航天及运输业中,具有复杂曲面的零件应用很广泛,如凸轮、航空发动机整体叶轮、螺旋桨、模具型腔等。这类具有复杂曲线、曲面轮廓的零件,或具有内腔不开敞的盒形或壳体零件(见图 12-10、图 12-11、图 12-12)。采用普通机床加工或精密铸造难以达到预定的加工精度,且难以检测。而使用多轴联动的加工中心,配合自动编程技术和专用刀具,可以大大提高其生产效率并保证曲面的形状精度,使复杂零件的自动加工变得非常容易。

图 12-10　凸轮

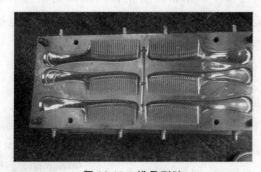

图 12-11　模具型腔

图 12-12　涡轮

4.箱体类零件

具有一个以上的孔系且内部有较多型腔,在长、宽、高方向有一定比例的零件称为箱体类零件,这类零件在汽车、机床、飞机等行业应用较多,如汽车的发动机缸体、变速箱体,机床的主轴箱、柴油机缸体,齿轮泵壳体等,如图 12-13 所示。在加工中心上加工时,一次装夹可完成普通机床 $60\%\sim95\%$ 的工序内容。另外,凭借加工中心自身的精度和加

图 12-13　汽车发动机缸体

工效率高、刚度好和自动换刀的特点,只要制订好工艺流程,采用合理的专用夹具和刀具,就可以解决箱体类零件精度要求较高、工序较复杂以及提高生产效率等问题。

5. 产品试制中的零件

在新产品定型之前,需要经过多次反复的试制和改进。加工中心具有广泛的适应性和较高的灵活性,可以省去许多普通机床加工所需的试制工装。当零件改变时,只需修改加工程序并适当的调整夹具、刀具即可;有时还可以通过修改程序中部分程序段或利用某些特殊指令实现加工。如利用缩放功能指令就可加工形状相同但尺寸不同的零件。这为单件小批量、多品种生产,产品改型和新产品试制提供很大方便,大大节省了费用,缩短了试制周期。

数控机床和加工中心在机加车间的应用越来越广泛,中国一拖拥有多种型号的卧式加工中心、立式加工中心,这些设备位于中小轮拖装配厂机加车间、柴油机有限公司缸体、缸盖加工线。

第三节 精密测量设备

精密测量是以微米为计量单位的测量技术。精密测量设备是以满足精益求精的设计以及加工制造的要求而形成的计量分析管控设备。常用的精密测量设备包括测量投影仪、三坐标测量仪、齿轮测量中心等。

1. 测量投影仪

测量投影仪,又称为光学投影检量仪或光学投影比较仪,是利用光学投射的原理,将被测工件的轮廓或表面投影至投影屏上,作测量或比对的一种测量仪器,如图 12-14 所示,用于测量各种复杂工件的轮廓和表面形状,例如样板、冲压件、螺纹、齿轮、成型锉刀、丝攻等各种刀具、工具和零件等。

该仪器适用于以二坐标测量为目的的应用领域,广泛应用于机械、电子、仪表、轻工等行业。

图 12-14 测量投影仪

2. 三坐标测量仪

三坐标测量仪是指在一个六面体的空间范围内,能够表现几何形状、长度及圆周分度等测量能力的仪器,又称为三坐标测量机或三坐标量床。三坐标测量仪可定义为一种具有可作三个方向移动的探测器,此探测器可在三个相互垂直的导轨上移动,以接触或非接触等方式传送讯号,3 个轴的位移测量系统

（如光学尺）经数据处理器或计算机等计算出工件上各点的坐标(x、y、z）。三坐标测量仪的功能强大，可用于测量其他量具测到及测不到的所有尺寸，测量功能应包括尺寸精度、定位精度、几何精度及轮廓精度等，如图 12-15 所示。

图 12-15　三坐标测量仪

3.齿轮测量中心

齿轮测量中心是测量各种形状的直齿圆柱齿轮、斜齿圆柱齿轮的设备，如图 12-16 所示。除了测量齿轮滚刀、蜗轮滚刀、剃齿刀、径向剃齿刀、插齿刀等齿轮刀具外，它还可以测量蜗轮、蜗杆、直齿锥齿轮、斜齿锥齿轮、凸轮等工件，广泛应用于汽车、机床工具、仪器仪表、航空、航天、国防工业等科研部门及工厂计量室。

图 12-16　齿轮测量中心

4.表面粗糙度仪

表面粗糙度测量仪是评定零件表面质量的台式粗糙度仪，如图 12-17 所示，可对多种零件表面的粗糙度进行测量，包括平面、斜面、外圆柱面、内孔表面、深槽表面及轴承滚道等，实现了表面粗糙度的多功能精密测量。

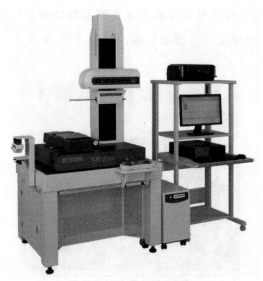

图 12-17　表面粗糙度仪

第四节　工业机器人

机器人是指自动执行工作的机器装置,包括一切模拟人类行为或思想与模拟其他生物的机械,是工业生产向现代化转型的重要标识。工业机器人则主要面向工业领域,作为多关节机械手或多自由度的机械装置,能够依靠自身动力和控制能力自动执行工作,呈现出多方面的功能优势。

一、工业机器人发展

机器人产业市场分为工业机器人、服务机器人、特种机器人三类,其中工业机器人市场份额最大。2017 年国际机器人联合会(IFR)统计表明,工业机器人销售额达到 147 亿美元,占全球机器人总销售额 232 亿美元的 63.4%。目前,国际上的工业机器人公司主要分为日系和欧系。日系包括安川、松下、FANUC、川崎等公司产品。欧系包括德国 KUKA、瑞典 ABB、奥地利 IGM 等。

从整个产业链来看,工业机器人包括上游减速器、控制器、伺服电机等核心零部件和中游的机座、机身、机械臂等的设计制造,下游的系统集成与软件二次开发等,如图 12-18 所示。根据相关统计数据显示,2019 年,我国工业机器人的产量达到了 18.7 万套。

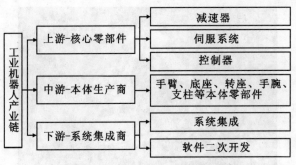

图 12-18 工业机器人产业链分类图

从技术层面上解析,工业机器人涵盖了主体、驱动系统以及控制系统三项基本构成,是保障其自动执行工作的关键,实现了智能化控制的过程。其中,工业机器人的主体结构又分为机座和执行机构,包括臂部、腕部和手部。大多数工业机器人有 3～6 个运动自由度;驱动系统是用以执行机构产生相应动作的装置,包括动力装置和传动机构;控制系统则是按照输入程序对驱动系统和执行机构发出指令信号,并进行控制的装置,如图 12-19 所示。

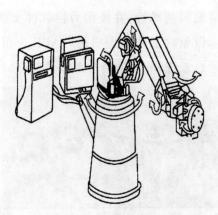

图 12-19 工业机器人组成示意图

二、工业机器人应用领域

随着制造业快速发展,工业机器人迎来了全新的发展机遇,广泛应用于各领域当中。

1. 焊接作业

点焊作业是目前最大的工业机器人应用领域。以汽车生产为例,每辆汽车车身有 4 000 多个焊点,并且众多构件的焊接精度和速度等指标都提出了更高要求,点焊机器人的应用,克服了焊接安装面积小、工作空间大、焊接时工作环境恶劣等困难,大幅度提高焊接速度和焊点质量,如图 12-20 所示。

图 12-20   工业机器人焊接作业

2．装配作业

装配机器人是工业生产中用于零件或部件装配的机器人，主要包括旋转关节型、直角坐标型和平面关节型。以摩托车发动机装配线操作为例，使用装配机器人，保证了连杆、活塞以及缸体等部件的自动化装配，在提高了生产效率的基础上，进一步利用视觉技术，确保零部件装配的精确性，并使用力控软件实现对人类触觉的模仿，确保零件推动力度的合理性，以免对工件产生损伤。ABB 公司生产的 YuMi 双臂机器人，配备了柔性机械手和进料系统，非常适合小型零件装配，如图 12-21 所示。

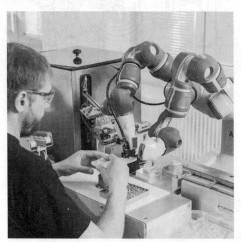

图 12-21   工业机器人装配作业

3．喷涂作业

喷涂机器人是用于工件外表面漆层喷涂的专用机器人。其可以在较大空间内进行复杂轨迹运动，并柔性灵活地通过狭小空间在工件内部进行喷涂。使用喷涂机器人可以提高喷涂质量和材料使用率，满足柔性化生产，便于操作和维护，如图 12-22 所示。

图 12-22　工业机器人喷涂作业

4. 搬运作业

搬运机器人是在移动机器人基础上，由计算机控制，具有移动、搬运、码垛、多传感器控制以及网络交互等主要功能的新型工业机器人，如图 12-23 所示。常见搬运机器人为串联机器人，包括六轴和四轴两种类型。六轴主要负责搬运重型载荷，速度较慢，ABB 公司生产的 IRR7600 工业机器人，属于六轴机器人，最大承重达到 650kg。四轴主要搬运轻型载荷，速度快，精度高，ABB 公司生产的 IRR660 工业机器人，属于四轴机器人，最大承重载荷 250kg，最大到达距离 3.15m。

图 12-23　工业机器人搬运作业

从未来发展趋势看，会开发出各种新型结构、多关节、多自由度的高端工业机器人来适用于不同场合现场作业；提高运动速度和精度，减少重量和占有空间，完成功能部件标准化和模块化；研发具有触觉、视觉、测距等功能的工业机器人，完成模式识别、状态监测，更加便于控制操作。

第五节　智　能　制　造

一、制造技术智能化

智能制造指的是面向整个产品的生命周期,以信息化方式进行制造的行为。智能制造技术以拟人化技术、自动化技术、网络技术、传感器技术为基础,经过执行技术、决策技术、人机交互、智能感知实现智能化的制造装备、制造过程与制造设计,充分集成并融合了装备制造技术、智能技术与信息技术,可以说智能制造是未来工业化、信息化融合的必然趋势。

制造活动是人类进化、生存、生活和生产活动中永恒的主题,是人类建立物质文明和精神文明的基础。德国提出的"工业4.0"概念,是基于人类文明经历的三次工业革命,即18世纪末引入机械制造设备的"工业1.0",20世纪初以电气化为基础导入大规模流水线生产方式的"工业2.0",始于20世纪70年代建立在IT技术和信息化之上的"工业3.0"。而支持"工业4.0"的则是物联网技术和制造业服务化倾向的兴起,如图12-24所示。

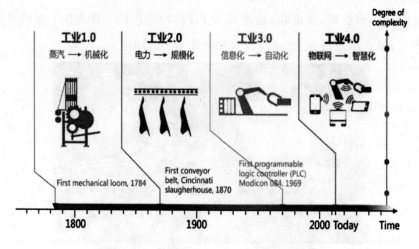

图12-24　工业1.0～工业4.0发展示意图

从工业1.0到工业2.0的变化特点是,生产制造模式由大机器生产转变为流水线生产,走向产品和生产的标准化以及简单的刚性自动化。

从工业2.0发展到工业3.0,则产生了复杂的自动化、数字化和网络化生产。这个阶段相对于工业2.0具有更复杂的自动化特征,追求效率、质量和柔性。工业3.0的特点是在制造装备(如数控机床、工业机器人等)上安装各种传感器和仪表,已采集装备状态和生产过程数据,用于制造过程的监测、控制和管理。此外,工业3.0具有网络化支持,通过联网,机器与机器、工厂与工厂、企业与企业之间能够进行实时和非实时通信、连通,实现数据和信息的交互和共享。制造业发展历程见表 12-1。

表 12-1　制造业发展历程

工业发展阶段	时间	特点
工业 1.0	18 世纪 60 年代	机械生产代替代替手工劳动,进入机械化生产阶段
工业 2.0	20 世纪初	电气化及自动化应用,开启大规模流水线生产阶段
工业 3.0	20 世纪 70 年代	信息技术革命,加大电子信息技术应用,实现自动化、数字化和网络化生产
工业 4.0	21 世纪 10 年代	智能制造、智能物流、互联网制造、CPS 系统

从工业 3.0 到工业 4.0,制造技术发展将面临四大转变:从相对单一的制造场景转变到多种混合型制造场景的变化,从基于经验的决策转变到基于证据的决策,从解决可见的问题转变到避免不可见的问题,从基于控制的机器学习转变到基于丰富数据的深度学习,如图 12-25 所示。

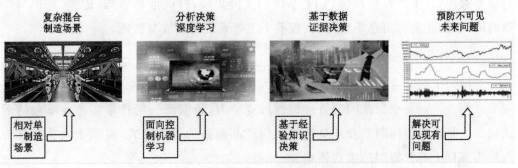

图 12-25　从工业 3.0 到工业 4.0 制造技术面临新转变

为了适应上述转变,工业 4.0 制造技术呈现出以下新的技术特征。

(1)基于经验知识和历史数据的传统优化将发展为基于数据分析、人工智能、深度学习的具有预测和适应未来场景能力的智能优化。

(2)面向设备、过程控制的局部或内部的闭环将扩展为基于泛在感知、物联网、工业互联网、云计算的大制造闭环。

(3)大制造闭环系统中的数据处理不仅是结构化数据,而且包含大量非结构化数据,如图像、自然语言,甚至社交媒体中的信息。

(4)基于设定数据的虚拟仿真、按给定指令计划指令进行的物理生产过程,将转向以下不同层级的数字孪生,将虚拟仿真和物理生产过程深度融合,从而形成虚实交互融合、数据信息共享、实时优化决策、精确控制执行的生产系统和生产过程,使之不仅能满足工业 3.0 时代的性能指标(如生产率、质量、可重复性、成本和风险),并且能够进一步满足诸如灵活性、适应性和韧性(能从失败或人为干预中学习和复原的能力)等新指标。

二、工业互联网与工业 4.0

1.工业互联网

工业互联网是链接工业全系统、全产业链、全价值链,支撑工业智能化发展的关键基础设施,其发展的主要任务包括以下三个方面。

(1)对机器设备的智能化改造。通过对机器设备添加传感和控制器件,使机器设备可感知、可联网和可控制,企业管理者可以通过软件灵活调度生产能力,实现敏捷制造和大规模定制生产。

(2)对数据链信息的建模、应用和产业化。通过将机器运转参数、生产经验、海量供应商和市场信息等模型化,开发多用途工业互联网软件控制应用,实现对机器设备的精确控制,并进一步将软件应用打造成智能服务产品,创造新价值。

(3)对软件应用的平台化无缝集成。实现从生产单元到工厂、从供应链管理到用户服务管理、从生产控制系统到 IT 系统的无缝集成,打破信息感知、传递、处理与反馈的障碍,彻底消除信息不对称,实现整个工业系统的开放与智能。

2.工业 4.0

德国为了巩固全球制造业竞争力,在 2011 年提出了"工业 4.0"概念,其战略意图主要有两点。一是确保德国制造业的国际竞争力,争取新一轮技术与产业革命的话语权。二是确保德国制造业从单纯的围绕产品制造的产销模式,向基于大数据分析与应用基础上的智能制造模式转型。

德国推进"工业 4.0"的着力点,简单可以概括为"1 个核心""2 重战略""3 大集成"。

(1)1 个核心,即工业 4.0 的核心,指的是"智能＋网络化"。其指通过信息物理系统(Cyber-Physical System,CPS),构建智能工厂,实现智能制造的目的。

(2)2 重战略。

1)"领先的供应商战略",将先进的技术、完美的解决方案与传统的生产技术相结合,生产出具备"智能"并乐于"交流"的生产设备。

2)"领先的市场战略",强调整个德国国内制造业市场的有效整合。各类企业实现快速的信息共享,最终达成有效的分工合作,商业企业与生产单位无缝衔接。

(3)3 大集成。

1)关注产品的生产过程,在智能工厂内通过联网建成生产的纵向集成。

2)关注产品整个生命周期的不同阶段,包括设计与开发、安排生产计划、管控生产过程以及产品的售后维护等,实现各个不同阶段之间的信息共享,达到工程数字化集成。

3)关注全社会价值网络的实现,从产品的研究、开发与实用拓展至建立标准化策略,提高社会分工合作的有效性,探索新的商业模式以及考虑社会的可持续发展等,从而达到德国制造业的横向集成。

三、智能制造主流参考模型

智能制造参考架构是普遍使用的对象模拟模型,定义了智能制造系统的基本概念和属性,描述了在其环境中元素、关系以及其设计和演化的规则。智能制造参考架构是智能制造顶层设计,其目标是使得应用架构的各方达成统一认知,探索创新需求,建立可持续发展的生态系统。作为智能制造标准体系的基础,目前国际上还未形成全球统一的参考架构模型,有较强影响力的主流参考构架模型主要为以下 11 种,见表 12-2。选取美国、德国和中国三个国家的模型进行介绍。

表 12-2　各国智能制造参考架构模型列表

序号	模型名称	制定组织
1	工业 4.0(RAMI4.0)参考架构模型	德国工业 4.0 平台
2	智能制造生态系统 SMS	美国国家标准与技术研究院 NIST
3	工业互联网参考架构 HRA	工业互联网联盟 IIC
4	智能制造系统架构 IMSA	中国国家智能制造标准化总体组
5	物联网概念模型	ISO/IEC JTC1/WG10 物联网工作组
6	IEEE 物联网参考模型	IEEE P2413 物理网工作组
7	ITU 物联网参考模型	ITU-T SG20 物联网及其应用
8	物联网架构参考模型	OneM2M 物联网协议联盟
9	全局三维图	ISO/TC184 自动化系统与集成
10	智能制造标准路线图框架	法国国家制造创新网络 AIF
11	工业价值链参考架构 IVRA	日本工业价值链计划 IVI

1. 智能制造生态系统的 NIST 模型

美国国家标准与技术研究院拟定的智能生态系统模型(National Institute of Standards and Technology,NIST),涵盖制造系统广泛范围,包括业务、产品、管理、设计和工程功能,其结构如图 12-26 所示 。NIST 模型给出了智能制造系统中产品、生产系统生命周期及供应链管理的商业三个维度。每个维度代表独立的全生命周期。制造业金字塔是智能制造生态系统的核心,三个生命周期在这里汇聚和交互。

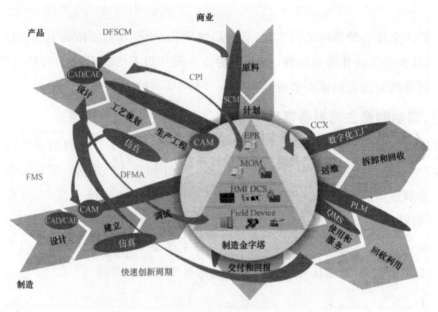

图 12-26　智能制造生态系统的 NIST 模型

2. 工业 4.0 参考架构模型

德国工业 4.0 平台提出的智能制造参考架构模型 RAMI4.0(Reference Architecture Model Industrie 4.0),其结构如图 12-27 所示。RAMI4.0 以三维模型的形式展示了工业 4.0 的关键元素,借此模型可识别现有标准在工业 4.0 中的作用以及现有标准的缺口和不足。RAMI4.0 的垂直轴是功能特性的分层。水平纵向轴是《企业控制系统集成》规定的各个层次。水平横向轴的是全生命周期和价值流的维度。

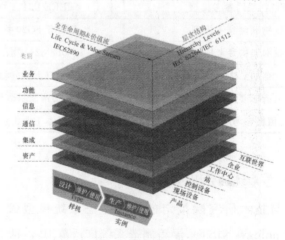

图 12-27　工业 4.0 参考架构模型 RAMI 4.0

3. 中国智能制造系统架构模型(IMSA)

中国智能制造标准化总体组(IMSG)提出的智能制造系统架构,其系统架构如图

12-28 所示。它由三个维度组成,即生命周期、系统层次和智能功能。生命周期是指相互连接的价值创造活动(例如设计、制造、物流、销售和服务)的价值链集成。系统层次从下到上由设备层、控制层、车间层、企业层和协同层组成。智能功能是指资源要素、系统要素、互联互通、信息融合和新兴业态。

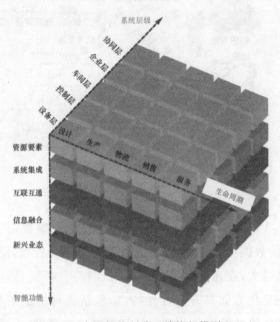

图 12-28　中国智能制造系统构架模型 IMSA

四、智能制造支撑技术

支撑技术是指支撑智能制造发展的新一代信息技术和人工智能技术等关键技术。

1.传感器与感知技术

传感器是一种能感受规定的被测量,并按照一定的规律(数学函数法则)转换成可用信号的器件或装置,通常由敏感元件和转换元件组成。感知技术是由传感器的敏感材料和元件感知被测量的信息,且将感知到的信息由转换元件按一定规律和使用要求变换成为电信号或其他所需的形式并输出,以满足信息的传输、处理、储存、显示、记录和控制等要求。所涉及的关键技术包括传感器的工作机理、感知系统构成原理、传感信号获取/传输/存储/处理、智能传感器网络等。

2.工业互联网

工业互联网是指一种将人、数据和机器连接起来的开放式、全球化的网络,属于泛互联网的范畴。通过工业互联网,可连接机器、物料、人、信息系统,实现工业数据的全面感知、动态传输、实时分析和数据挖掘,形成优化决策与智能控制,从而优化制造资源配置,指导生产过程执行和优化控制设备运行,提高制造资源配置效率和生产过程综合能效,如图 12-29 所示。工业互联网三大主要元素包括智能设备、智能系统和智能决策。

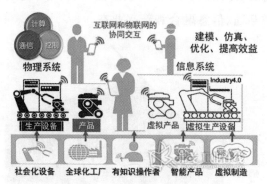

图 12-29　工业互联网物理系统

3.大数据

从 3V(Volume,Velocity,Variety)特征的视角,大数据被定义为具有容量大、变化多和速度快特征的数据集合,即在容量方面具有海量性特点,随着海量数据的产生和收集,数据量越来越大;在速度方面具有及时性特点,特别是数据采集和分析必须迅速及时地进行;在变化方面具有多样性特点,包括各种类型的数据,如半结构化数据、非结构化数据和传统的结构化数据。从智能制造的角度,大数据技术涉及的内容有大数据的获取、大数据平台、大数据分析方法和大数据应用等。

4.云计算/边缘计算

云计算是一种基于网络(主要是互联网)的计算方式,它通过虚拟化和可扩展的网络资源提供计算服务,通过这种方式,共享的软硬件资源和信息可以按需提供计算机和其他设备,而用户不必再在本地安装所需的软件。云计算涉及的关键技术包括基础设施及服务、平台及服务、软件及服务等。

边缘计算是指在靠近设备端或数据源头的网络边缘侧,采用集网络、计算、存储、应用核心能力为一体的开放平台,提供计算服务。边缘计算可产生更及时的网络服务响应,满足敏捷连接、实时业务、数据优化、应用智能、安全与隐私保护等方面的需求。

5.虚拟现实/增强现实/混合现实

虚拟现实(Virtual Reality ,VR)是一种可以创建和体验虚拟世界的计算机仿真系统和技术,它利用计算机生成一种模拟环境,使用户沉浸到该环境中,如图 12-30所示。虚拟现实技术具有"3I"的基本特性,即沉浸(Immersion)、交互(Interaction)、想象(Imagination)。增强现实(Augmented reality ,AR)是虚拟现实的扩展,它将虚拟信息与真实场景融合,通过计算机系统将虚拟信息通过文字、图形图像、声音、触觉方式渲染补充至人的感官系统,增强用户对现实世界的感知。AR 技术的关键在于虚实融合、实时交互和三维注册,如图 12-31 所示。混合现实(Mixed Reality,MR)结合真实世界和虚拟世界创造一种新的可视化环境,可以实现真实世界与虚拟世界的无缝连接,如图 12-32 所示。在智能制造应用中,VR/AR/MR 有许多应用场景,如设备运维、物流管理、虚拟装配及装配过程人机工程评估、工艺布局虚拟仿真与优化等。

图 12-30　数字化车间虚拟现实

图 12-31　叶轮加工增强现实

图 12-32　驾驶操作混合现实

6. 人工智能

人工智能是研究使用计算机模拟人的某些思维过程和智能行为（如学习、推理、思考、规划等）的学科，它的研究开发用于模拟、延伸和扩展人类智能的理论、方法、技术及应用系统。人工智能研究的具体内容包括机器人、机器学习、语言识别、图像识别、自然语言处理和专家系统等。人工智能将为产品设计、工艺知识库的建立和充实、制造环境和状态信息理解、制造工艺知识自学习、制造过程自组织执行、加工过程自适应等提供强大的技术支撑，如图 12-33 所示。

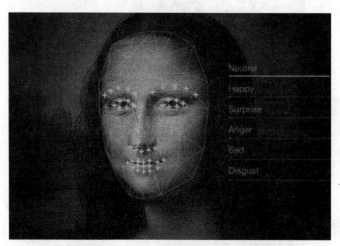

图 12-33　人工智能面部表情分析

7. 数字孪生

数字孪生可充分利用物理模型、实时动态数据的感知更新、静态历史数据等，集成多学科、多物理量、多尺度、多概率的仿真过程，在虚拟空间中完成映射，从而反映相对应的实体对象的全生命周期过程。智能制造中，数字孪生以现场动态数据驱动的虚拟模型对制造系统、制造过程中的物理实体的过去和目前的行为或流程进行动态呈现、仿真、分析、评估和优化，如图 12-34 所示。

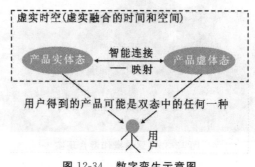

图 12-34　数字孪生示意图

第六节　智能制造应用实例

智能制造包括开发智能产品;应用智能装备;自底向上建立智能产线,构建智能车间,打造智能工厂;践行智能研发;形成智能物流和供应链体系;开展智能服务;最终实现智能决策。

在中国一拖实习期间,可以参观到的智能制造领域内容包括智能产品——超级拖拉机;智能产线——柴油机公司装配车间;智能管理——产线 MES 系统;智能服务——东方红拖拉机自动驾驶系统。

一、智能产品——超级拖拉机1号

"超级拖拉机1号"是一款中马力拖拉机,整机由无人驾驶系统、动力电池系统、智能控制系统、中置电机及驱动系统、智能网联系统等五大核心系统构成,产品外观采用流线型仿生设计,通过电驱动底盘设计等技术,实现整车状态监控、故障诊断及处理、机具控制、能量管理等功能,并实现恒耕深、恒牵引力等智能识别与控制功能,如图 12-35 所示。此外,该产品通过高精度农业地图的路径规划以及农机无人驾驶操作系统,可实现车身 360°障碍物检测与避障,路径跟踪以及农具操作等功能。产品载荷可实现本地及云平台收集,实时获取产品运行数据,通过积累的农机运行状态与数据,为新一代农机系统迭代提供数据支撑。

"超级拖拉机1号"通过"关键技术攻关、核心器件研制、重大装备集成"开发方式,精心打造,成功研发,标志着农机装备迈入新一代信息技术与先进制造深度融合的发展阶段。

图 12-35　超级拖拉机 1 号

二、智能产线——中国一拖柴油机公司装配车间

本车间采用国际先进的设计理念,和行业先进的装配制造技术,包括桁架机械

手、机器人涂胶/测量/拧紧、定扭工具、在线自动装配、在线检测设备等新工艺、新技术，装配制造技术达到国内行业领先，拥有一流的产品质控化能力。

整线分为预装线、内装线、外装线、活连分装线、齿轮室分装线和缸盖分装线，拥有自动/半自动设备 39 台套，其中有瑞士 Gudel 桁架机械手 4 台套，德国 KUKA 机器人 8 台，在线检测设备 8 台套，拧紧设备 6 台套和阿特拉斯电动扭矩轴 53 把，全面实现有关工序的在线自动装配和在线检测，如图 12-36 所示。

图 12-36　柴油机公司装配车间作业现场

整线采用流水化式生产模式，应用 MES（制造执行系统）、ERP（企业资源计划系统）、PLM（产品生命周期管理）三大信息处理系统，对柴油机生产进行透明化管理，可以满足 LR/YT 柴油机多品种、混流式生产，有效提高生产效率和生产管控水平。目前，整线设计节拍为 100s/台，日双班产能 490 台、年设计产能 120 000 台以上，达到国内领先水平。

1. 空中输送线

将清洗后的缸体通过空中路线自动输送至预装线，解决缸体输送问题的同时，有效减少转运过程中的磕碰伤。

2. 活塞连杆分装线

该分装线采用托盘＋流水线形式完成活塞连杆的分装作业，采用 AGV 小车将活连总成自动送往总装工位，有效降低分装过程中的磕碰伤。

3. 预装线

采用全自动打刻机、缸套压装及凸出量测量机器人、缸套内径测量机器人等自动装配和在线检测设备，以保证装配质量。

缸套压装及凸出量测量机和缸套内径测量机是该线重点设备。两台套设备组成一个完整工作站，采用德国 KUKA（库卡）机器人将人工放置在存放转台上的缸套自动抓取并安装于缸体上，一次同时抓取并压装两只缸套，内径测量机器人携带万耐特测量头,测量缸套内径。每次同时测量 2 只缸套,每只缸套测量多个截面,每个截面测量多次直径,完整的反映缸套内径情况,如图 12-37 所示。设备旁的电脑上可以显示所有测量的数据,也可以进行历史数据查询,提高了追溯性和产品质量的可靠性。后续随着缸体、缸套的产品分组的实施,本工作站同步实现缸体、缸套配组装配。

图 12-37　智能产线库卡机器人

　　预装线转内装线采取桁架机械手方式搬运。整线共有 4 个桁架机械手,均为瑞士 Gudel(古戴尔)品牌,桁架重复定位精度小于 0.1mm,有效的保证了自动换线的精确度,如图 12-38 所示。

图 12-38　智能产线桁架机械手

4.内装线

　　呈环形布置,配备有曲轴工作站、主轴承盖螺栓拧紧机、缸体搬运机器人等 13 台套自动设备或机器人,以及部分半自动设备。大部分工位为无人自动工位,发动机停止或放行、机型判断、装配控制程序选择、测量数据及判断和记录、数据上传,都是MES 系统结合设备功能自动完成。关键零部件还需要对工件进行扫描二维码与MES 信息进行比对实现纠错功能。

　　曲轴工作站,由曲轴齿轮加热炉、曲轴齿轮压装机、步进输送机、曲轴上线桁架共同组成,人工上料后,设备完成齿轮压装、输送、装配至缸体上等一系列动作,提升工作效率,避免人工装配产生的磕碰伤。

主轴承盖螺栓拧紧机,主轴承盖螺栓拧紧力矩大、控制要求高,为保证工艺要求,采用了国际著名的拧紧轴制造商瑞典 Atlas(阿特拉斯)生产的电动拧紧轴,如图 12-39 所示。采用 4 轴布置,配置 2 套西门子伺服电机并采用西门子伺服控制系统,保证定位精度,实现全自动拧紧。扭矩精度±3%,转角精度±3°,精度高、速度快、拧紧策略可自由调整,能有效保障主轴承盖螺栓拧紧装配的一致性。

图 12-39　瑞典 Atlas(阿特拉斯)电动拧紧轴

缸体搬运机器人,采用了世界顶尖机器人制造商德国库卡机器人公司生产的 KR1000Titan(泰坦)机器人。它具有 3 202mm 的作用范围、1 000kg 的负荷能力、重复精度±0.1mm;精度高、速度快、负荷大、柔性高、安全可靠,满足流水线的节拍需求。

缸体底面涂胶机器人,采用德国进口西门子伺服控制系统和胶型激光检查系统,保证位移精确度±0.06mm,涂胶准确、迅速、可靠,实现涂胶工艺的全自动化生产。整线在缸体与油底壳接合面、缸体与齿轮室接合面、齿轮室与齿轮室盖接合面等三处配备了在线涂胶机器人或线外涂胶机,保障涂胶工艺一致性,降低三漏故障率。

5.缸盖分装线

缸盖分装线,采用气门下沉量检测机、气门油封压装机、气门锁夹压装机、气门拍打、气门试漏、喷油器凸出量测量等自动设备,有效地保证了缸盖分装的一致性。缸盖气门试漏机,采用日本 Cosmo(科斯莫)试漏仪,可封堵进排气道进行试漏或封堵燃烧室进行试漏。设备旁的电脑上可以显示所有测量的数据,也可以进行任何批次和历史数据的查询,提高了追溯性和产品质量的可靠性,有效控制发动机三漏故障。

6.外装线

外装线,呈环形布置,配备有活塞凸出量测量机、缸盖螺栓全轴拧紧机、短发试漏等 7 台套设备。活塞凸出量检测机,以缸体顶面为基准,采用 Sony 位移传感器,6 缸同时测量,精确测量每个活塞到达上止点时相对于缸体顶面的凸出量。有效地监控发动机压缩比,解决了人工测量压缩比,劳动强度大、效率低、测量精度低等问题,提高了可追溯性和产品质量的可靠性。

三、智能管理——产线 MES 系统

MES 智能工厂制造运行系统平台产品,用于制造业工厂智能化的追踪、监督、控制与管理。该产品是综合运用各种先进的管控理论和制造方法,开发的面向智能化工厂的制造运行系统,包括车间作业计划、现场作业管控、设备监控、车间物流、能源管理等主要功能,并且提供面向智能制造过程的整体解决方案,其主要应用对象是具备智能化制造能力的制造企业。

中国一拖首条智能产线,大轮拖装配厂机加车间 MES 系统覆盖车间的 9 条柔性化生产线,包括计划管理、调度管理、生产管理、质量管理、Andon 管理、库存管理、基础数据管理、SPC 分析等功能模块,如图 12-40、图 12-41 和图 12-42 所示。该 MES 系统作为智能工厂的中枢和躯干,成功打通了 ERP 系统、PLM 系统、刀具管理系统、EAM 系统、MDC/DNC 系统、智能装备等系统之间的信息壁垒,成功打造了能够实现计划智能排产、生产过程全透明、质量体系数字化管理与 SPC 动态分析、产线动态监控、VR 虚拟现实等功能的可视化工厂。

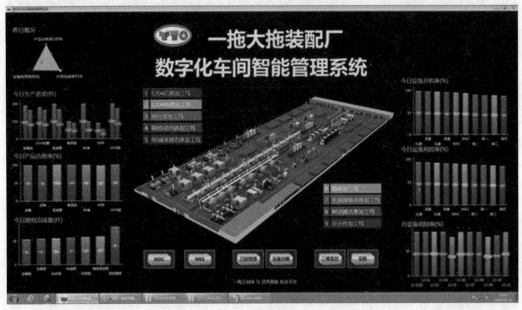

图 12-40　中国一拖 MES 系统界面

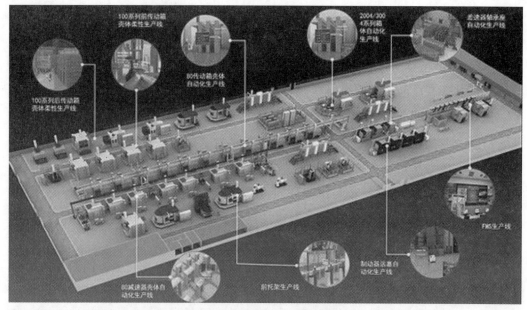

图 12-41　作业现场 9 条柔性线

图 12-42　作业现场仿真图

四、智能服务——东方红拖拉机自动驾驶系统

东方红自动驾驶拖拉机,是中国一拖在精准农业方面的又一突破,是将自动驾驶系统、智能农机管理等先进农机技术集成的应用。借助这些技术实现高精度作业、高效系统规划调度,为提高农业生产管理水平,促进农业从传统作业向精准作业转变,

农业企业从粗放管理向精细化管理升级提供先进的技术支撑,这也正是未来农业生产和农业管理的方向。

东方红精准农业平台,是基于北斗卫星系统,实现自动化农耕而开发的软件平台,如图 12-43 所示。该平台将北斗农机自动设备信息进行收集和管理,通过北斗卫星系统和 LBS 基站,实现农机定位、科学作业、作业轨迹、历史轨迹等功能,解决农耕耗费资源过大的难题,如图 12-44 所示。平台还可随时掌握农机的作业地点、作业质量、报警信息、维修信息等状态,集中管理,科学调度,省时省事省力,如图 12-45 所示。

图 12-43　东方红拖拉机自动驾驶系统界面

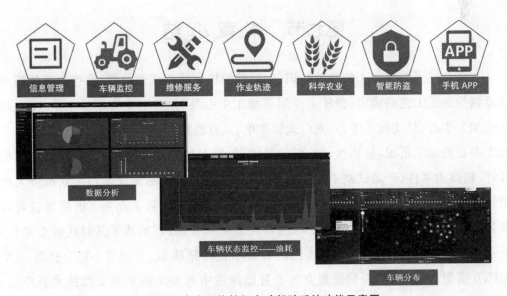

图 12-44　东方红拖拉机自动驾驶系统功能示意图

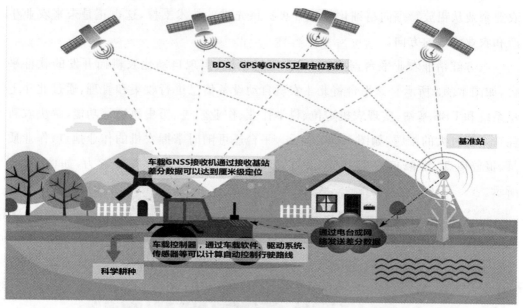

图 12-45 东方红拖拉机自动驾驶系统功能原理示意图

北斗农机自动辅助驾驶系统车载部分,由卫星接收天线、车载显示屏、北斗高精度车载定位终端、行车控制器、液压阀(或方向盘)、角度传感器等部分组成。利用高精度北斗卫星定位系统,行车控制器对农机液压系统进行控制,农机可以按照设定的路线自动行驶,并在车载显示器上显示相关图形化信息。其突出特点是可以全天候工作,适用于整地、开沟、起垄、插秧、施肥、收获等多种农业作业生产环节,可以有效解放劳动力、提高生产力、提高作业精度、提高作业质量,且操作简单。

第七节 本章小结

本章介绍了数控加工的基础知识,包括数控机床的组成与分类,数控加工的特点以及数控加工工艺的确定;整体上介绍了加工中心及特点,对于常用加工中心,包括立式加工中心、卧式加工中心、龙门式加工中心、万能加工中心进行具体介绍,补充了加工中心的加工范围,包括盘、套、板类零件、外形不规则的异形类零件、复杂曲面类零件、箱体类零件、产品试制中的零件等知识;对于高精度测量设备和工业机器人也进行了较为详细地介绍;简要介绍了制造技术从工业 1.0 到工业 4.0 的发展过程以及各阶段的特点;对于当下工业互联网以及工业 4.0 提出,阐述了其时代的必然性;展示了美国、德国和中国具有代表性的智能制造构架模型,分别是 NIST 模型、RA-MI4.0 模型、IMSA 模型;简要地介绍了智能制造中所涉及的重要支撑技术及应用,包括传感器与感知技术、工业互联网、大数据、云计算/边缘计算、虚拟现实/增强现实/混合现实、人工智能、数字孪生;同时介绍了中国一拖在智能制造领域的重要案例,包括智能产品——超级拖拉机 1 号、智能产线——一拖柴油机公司装配车间、智能管理——产线 MES 系统、智能服务——东方红拖拉机自动驾驶系统。帮助同学们了解了智能制造的基础知识,也对智能制造的重要应用有了一定程度的了解。

中国一拖作为国家大型制造业企业,拥有众多先进设备。加工类先进设备包括日本森精机 800 系列加工中心、Cincinnati 加工中心、德国 BW 缸孔精加设备、英国 cross 机体镗铣精加工生产线、NAGEL 缸体珩磨机、德国 Heller 气缸盖精镗铰机床、奥地利 GFM 双刀盘曲轴内铣床、日本小松曲轴内铣床、Hoffman 连杆拉床、日本 landis 曲轴磨床、Fritz studer AG 斯图特数控复合内圆磨床、EMAG Maschinenfabrik GmbH 艾玛格立式数控车磨中心、GLEASON 格里森数控滚齿机、LIEBHERR 利勃海尔数控滚齿机等。测量类先进设备包括意大利 BEA 三座标测量机、美国 AD-COLE 曲轴凸轮轴测量机等。工业机器人包括德国 KR1000Titan(泰坦)机器人、瑞士 Gudel 桁架机械手等。

思考题

1.智能制造的概念是什么?

2.工业 4.0 的保障手段有哪些?

3.智能制造的主要构架模型有几种,其含义分别是什么?

4.智能制造的支撑技术有那些,其应用分别是什么?

5.智能制造的重要应用领域有哪些?

参考文献

[1] 杨秀英,刘春忠.金属学及热处理[M].北京:机械工业出版社,2010.

[2] 王毅坚,索忠源.金属学及热处理[M].北京:化学工业出版社,2014.

[3] 李镇江.工程材料及成型基础[M].北京:化学工业出版社,2013.

[4] 黄光烨.机械制造工程实践[M].哈尔滨:哈尔滨工业大学出版社,2001.

[5] 明哲,于东林,赵丽萍.工程材料及机械制造基础[M].北京:清华大学出版社,2012.

[6] 严绍华.材料成形工艺基础[M].北京:清华大学出版社,2001.

[7] 王孝培.实用冲压技术手册[M].北京:机械工业出版社,2013.

[8] 钟翔山.冲模及冲压技术实用手册[M].北京:金盾出版社,2015.

[9] 刘子瑜,段莉萍.钢铁及合金物理检测技术[M].北京:化学工业出版社,2016.

[10] 张志杰.材料物理化学[M].北京:化学工业出版社,2006.

[11] 陶美娟.金属材料化学分析[M].北京:科学普及出版社,2015.

[12] 蔡安江,岳江,丁福志.工程训练[M].北京:电子工业出版社,2018.

[13] 王亚峰.机械加工教程[M].北京:北京理工大学出版社,2014.

[14] 李佳南.普通机械加工教程[M].北京:北京理工大学出版社,2017.

[15] 崔明铎,赵忠魁,张元彬.工程训练教程[M].北京:化学工业出版社,2014.

[16] 李凯岭.机械制造技术基础:3D版[M].北京:机械工业出版社,2018.

[17] 张继祥.工程创新实践[M].北京:国防工业出版社,2011.

[18] 张兴华.制造技术实习[M].北京:北京航天大学出版社,2005.

[19] 卢秉恒.机械制造技术基础[M].4版.北京:机械工业出版社,2017.

[20] 陈为国,陈昊.数控加工刀具材料、结构与选用速查手册[M].北京:机械工业出版社,2016.

[21] 郑文虎.刀具材料和刀具的选用[M].北京:国防工业出版社,2012.

[22] 浦艳敏,李晓红,闫兵.金属切削刀具选用与刃磨[M].北京:化学工业出版社,2016.

[23] 王永国.金属加工刀具及其应用[M].北京:机械工业出版社,2011.

［24］张战.实用齿轮设计计算手册［M］.北京:机械工业出版社,2010.

［25］张宝珠,郭秀英,程瑞,等.齿轮加工速查手册［M］.北京:机械工业出版社,2016.

［26］金荣植.齿轮热处理实用技术 500 问［M］.北京:化学工业出版社,2011.

［27］杨青峰.未来制造［M］.北京:电子工业出版社,2018.

［28］徐兵.机械装配技术［M］.北京:中国轻工业出版社,2014.

［29］王延臣.智慧工厂［M］.北京:中华工商联合出版社,2016.

［30］国家制造强国战略咨询委员会.智能制造［M］.北京:电子工业出版社,2016.

［31］张伯旭.智能制造助推高精尖产业发展［M］.北京:机械工业出版社,2018.

［32］许德珠,朱起凡,吕烨.机械工程材料［M］.2 版.北京:高等教育出版社,2001.

［33］王忠.机械工程材料［M］.北京:清华大学出版社,2005.

［34］王焕庭,李茅华,徐善国,等.机械工程材料［M］.4 版.大连:大连理工大学出版社,2000.

［35］杨瑞成,丁旭,季根顺,等.机械工程材料［M］.2 版.重庆:重庆大学出版社,2004.